健康果实

家用图典

陈裕　罗小飞　主编

农村读物出版社

图书在版编目（CIP）数据

健康果实家用图典 / 陈裕，罗小飞主编. —北京：
农村读物出版社，2012.4
ISBN 978-7-5048-5577-0

Ⅰ.①健… Ⅱ.①陈… ②罗… Ⅲ.①水果－图集
Ⅳ.①S66-64

中国版本图书馆CIP数据核字(2012)第048685号

主　　编：陈　裕　罗小飞
参编人员：冯素荣　陈绮缨
摄　　影：陈晓晖　等

责任编辑　杨桂华　　王然
出　　版　农村读物出版社（北京市朝阳区农展馆北路2号　100125）
发　　行　新华书店北京发行所
印　　刷　中国农业出版社印刷厂
开　　本　720mm×1000mm　1/16
印　　张　12.5
字　　数　300千
版　　次　2014年1月第1版　2014年1月北京第1次印刷
定　　价　46.00元

（凡本版图书出现印刷、装订错误，请向出版社发行部调换）

　　21世纪，随着社会的进步，生活水平的提高，人们更注重自身的健康，也渴望能从天然食物中获取抗病、防老的物质。众所周知，果品营养价值高、风味适口，且具有很好的保健医疗作用。成熟的果实含有多种营养成分，对维持人体正常生理活动及健康水平具有重要作用。诸如维生素（维生素C、维生素A、维生素B_1、维生素B_2、维生素P、维生素K、维生素E、叶酸等），矿物质（钙、磷、钾、铁、锰、锌等），碳水化合物（糖、淀粉、纤维素、果胶等），有机酸（苹果酸、柠檬酸、酒石酸、草酸、琥珀酸）。一些干果含有丰富的蛋白质和脂肪，果实中还含有多种酶，对人体各种物质的代谢起着积极作用。此外，果实中还含有多种芳香物质和色素，使果品更具有特殊的芳香和保健作用。

　　鉴于果品具有广泛的保健医疗价值，近几年来，研究开发含药同源的果品，成为果业发展的热点。诸如，红肉脐橙、红肉蜜柚、番茄富含番茄红素，具有抗氧化、防衰老、防癌、保护心血管、肝脏的独特功能；龙眼多糖有抗肿瘤、抗疲劳、耐缺氧和改善记忆等功效；杏果所含的维生素A、维生素C、儿茶酚和黄酮素及杏仁的苦杏仁甙，对人体有扩张气管和消炎止咳的疗效；山楂所含的三萜类和黄酮类，可调节心律，防止冠心病，降低胆固醇；猕猴桃含丰富的维生素C、维生素P和亚油酸等，对防止心血管疾病、降低胆固醇有一定的作用；刺梨果实含维生素C极丰富，常饮刺梨汁可预防神经系统疾病和内脏肿瘤；沙棘富含维生素C、维生素E、维生素A及烟酸，能软化血管，降低血压，防止人体致癌物质的形成。此外，还有更多的果品具有独特的医疗保健作用，在此不胜枚举。

　　为了满足大众对果品保健医疗功效认知的需要，福建省亚热带植物研究所高级农艺师陈裕先生，在长期致力于植物引种驯化及资源开发利用的基础上编写了本书。

　　本书选取了我国珍贵果品近百种，分别阐述其特征特性、栽培要点、营养价值、养生功效等。全书内容丰富、文笔流畅、图文并茂、通俗实用，是读者认知健康果品的家用宝典。

　　陈裕先生虽退休十余载，近年来出版多部科普图书，颇受读者欢迎。陈君此种笔耕不辍的精神实令余深感敬佩。值此新书付梓之际，余深感欣喜，谨为作序，以资敬贺。

中国园艺学会原果树专业委员会委员
福建省亚热带植物研究所研究员
福建农林大学原兼职教授

2013年6月于鹭岛

目录

健康果实家用图典 **contents**

contents

1. 火龙果

简介

火龙果，别名：仙密果、红龙果等。花期4月中旬及10月中旬，果期6~12月。原产于中、南美洲的墨西哥、巴西、哥斯达黎加等国的热带沙漠地区，属典型的热带植物。由法国人、荷兰人传入越南、泰国等东南亚国家及中国台湾省，再由台湾省改良引进海南省及广西、广东、福建等部分省份栽培。本属约18种。商品栽培主要有3类：白火龙果、红火龙果和不同属的黄火龙果（又叫金龙果）。现在市场上有种紫肉火龙果，其营养成分与其他几类相差无几。火龙果性喜温暖、潮湿、光照充足的环境。适应性强，耐旱、耐阴、耐贫瘠、耐高温，不耐霜冻，对土壤的要求不严格，生命力旺盛，抗病能力强，是一种无毒、无污染、绿色、环保、营养丰富的保健果品。

园艺应用

火龙果有祈福、吉祥的寓意。逢祭祀、宗教活动，作为圣果供奉在祭坛上。它还与中华龙文化有着不解之缘，像印加人将火龙果与刻有酷似中国龙的图腾放在一起祭祀，它们在印加语里均有龙的意思。而东南亚诸国，如越南、泰国等，称谓虽不同，但都要冠上龙字号，如红龙果、青龙果等。它那巨大光洁的花朵犹如白玉大喇叭，清香斑斓，很适宜在公园、小区或庭院的墙垣处、篱架等处栽培观赏，盆栽置于阳台、天台观赏，绿茎映红果，使人有吉祥之感，因而又称"吉祥果"。

食用功效

火龙果是低热量高纤维、减肥养颜的理想果品，可防止"都市富贵病"的蔓延。果实中富含抗氧化的花青素，具有抗氧化、抗自由基、抗衰老的作用，能有效地防止血管硬化，阻止由于心脏病发作和血凝块形成所引起的脑中风，抑制脑细胞的变性及老年痴呆病的发生；又含有蔬果中少有的植物性白蛋白，它是具有黏性、胶质性的物质，能与人体内的重金属离子结合，通过排泄系统排出体外，从而起到解毒作用，预防色斑产生；促进眼睛保健，呵护视力，增加骨质密度，帮助细胞膜形成；对胃壁还有保护作用，对消化系统有很好的调理性作用；还含有美白皮肤、淡化斑纹的维生素C，具有减肥、降低血糖和润肠的作用，丰富的水溶性膳食纤维，可预防大肠癌。可见火龙果有很高的经济价值，它是集水果、花卉、蔬菜、保健、医药于一体的佳果，符合现代养生要求，已风靡北欧和美国市场，成为21世纪最环保的水果。

药用价值

中医认为火龙果味甘性凉，有消暑止渴、清热凉血、润肺退火、利咽止咳、润肠通便的功效。用于肺热咳嗽、咽喉肿痛、口舌生疮热症的牙周病、便秘、消渴症、痔疮、青春痘、神经炎、口角炎、皮肤美白、防黑斑。常食用能解毒养颜、明目，对便秘、肥胖症和糖尿病有辅助治疗作用。火龙果的花有消热、润肺止咳之功效。治疗咳嗽、咳血、颈淋巴结核、高血压、高胆固醇、血浊、肺炎、支气管炎。花与猪肉同炖，对肺热咳嗽、痰中带血有效。火龙果的茎有退火、降压、解毒、舒筋活络的功效。治疗腮腺炎、疝气、痈疮肿毒、尿酸症、肾炎、火烫伤。果汁能促进排便，帮助消化、防癌。

养颜美白方：

火龙果1个，哈密瓜半个。火龙果取用果肉，与哈密瓜果肉搅碎打匀，加蜂蜜半汤匙，用冷开水半杯搅匀后饮用。

健康提示

适用于一般人食用。尤其适合中风、心脏病患者食用。虚寒体质、胃溃疡、常腹泻、胃病、糖尿病患者不宜多食。消化功能弱者慎食。

选购宜忌

果佳者：外观光滑亮丽，无褶皱，沉重饱满的，红色部位越红、绿色部位越绿的，中间浑圆凸起，果皮光滑像鳞片外翻，无压碰伤。最好现买现吃。如需保存，置室内通风阴凉处，不要冷藏。市场上卖的火龙果有红瓤与白瓤。外形较圆的是红瓤，椭圆的是白瓤。红皮红瓤的口感更好。

2. 椰子

简介

椰子，别名：胥邪、越王头、椰标等。全年都可开花，结实多在4～5月和7～8月。中国海南和广东的雷州半岛、云南西南部、台湾南部及广西、福建等地都有种植，多分布于海拔100米以下的沿海地区，主产区海南省被誉为"椰岛"，省会海口市誉

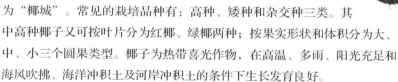

为"椰城"。常见的栽培品种有：高种、矮种和杂交种三类。其中高种椰子又可按叶片分为红椰、绿椰两种；按果实形状和体积分为大、中、小三个圆果类型。椰子为热带喜光作物，在高温、多雨、阳光充足和海风吹拂、海洋冲积土及河岸冲积土的条件下生长发育良好。

园艺应用

椰子树是热带海滨独特景色的象征。它高大参天，风姿袅娜，矫健挺秀，可列植、丛植或片植于风景区、园林绿地、海滨、河岸、泳池等周围，也是沿海防风固沙护岸及净化空气的优良树种。据统计，椰子加工综合利用产品可多达300余种。联合国粮农组织认为，椰子既是水果，又是油料作物，还是食品能源作物。在人类生活中，椰子与主要的粮油作物同等重要。

食用功效

椰子中的糖类、脂肪、蛋白质、生长激素、维生素和微量元素，能补充人体的营养成分及细胞内液，扩充血容量，提高机体抗病能力，还能滋润皮肤，驻颜美容。椰汁含有丰富的钾、镁等矿物质，其成分与细胞内液相似，可纠正脱水和电解质紊乱，起到利尿消肿的作用；又能益气祛风，对小儿面黄肌瘦、食欲不振等有很好的改善作用；常饮不会增加体重，可消暑解渴，既补充水分又可增加营养，还可预防高脂血症；且所含镁元素很高，能增加机体对高温的耐受。椰汁与椰肉均能杀灭肠道寄生虫，是理想的杀虫消疳食品，也是含碱性非常高的食品，可改善酸性病。椰油是一种保健价值很高的植物油，油中不饱和脂肪酸含量高达90%。椰子中含植

物雌激素，具有调节月经减轻更年期症状等作用，对女性，尤其是更年期女性十分有益。用椰子与雪蛤或土鸡同烹调有着很好的美容滋补效果。

药用价值

具有补虚强壮，益气祛风，消疳杀虫，益气健脾胃的功效。久食令面部润泽，增添气力及耐受饥饿，治疳积、小儿绦虫、姜片虫病、便秘、汗斑、神经性皮炎、心脏性水肿、口干烦渴。椰汁清如水，甜如蜜，晶莹透亮，具有滋补、清暑、生津、杀虫、强心、利尿、降压、止血、补脾益肾、催乳的功效。主治暑热伤津、肠胃炎、呕吐中暑、便血。椰子油能够杀虫止痒、敛疮，治湿疹、疥癣、冻疮、神经性皮炎。椰壳"熬膏涂癣疾"。椰子根疗鼻血、胃痛、吐泻和肠胃炎、充血性心力衰竭。水肿疗方：椰子浆30毫升，大米30克，如常法煮粥，将熟时，加椰浆，空腹食用。

健康提示

适用于一般人，尤适合发热、口干渴、呕吐、腹泻者食用。病毒性肝炎、脂肪肝、支气管炎、哮喘、高血压、脑血管病、胰腺炎及糖尿病等患者应忌食。肠胃不佳及水肿患者不宜多吃。鲜汁不可存放过久，最好尽快食用，以免变质。椰汁性热，多饮易导致烦躁。不宜与含糖量高的西瓜搭配食用，以免使血糖升高。

选购宜忌

挑选带有完整绿色果皮、果形丰圆的椰子，双手捧在耳边摇动，若水声清脆，则表明椰汁较多，适合喝汁；反之，摇汁较沉，手感较重，适合吃椰肉。椰子易保存，将果顶朝下，果蒂向上置阴凉干燥处，可以久放。喝椰汁时，将顶端果蒂的外皮切去一块，刀尖挖个小洞，倒出或插入吸管饮用。喝完后从中间劈开，用金属汤勺取出椰肉，生食，或炒菜，或煲汤。

3. 石榴

简介

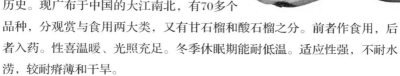

　　石榴，别名：安石榴、丹诺、金罂等。花期5～7月，果期9～10月。原产于伊朗、阿富汗等国家。生长于海拔600～1 000米山坡向阳处或栽培于庭院。汉代张骞通西域时引入中国，已有2 100多年的历史。现广布于中国的大江南北，有70多个品种，分观赏与食用两大类，又有甘石榴和酸石榴之分。前者作食用，后者入药。性喜温暖、光照充足。冬季休眠期能耐低温。适应性强，不耐水涝，较耐瘠薄和干旱。

园艺应用

　　古往今来，中国人视石榴为吉祥果，是多子、多福、多寿的象征。被盛誉为"天下之奇树，九州之名果"，是园林绿化的良材。最宜丛植于茶室、露天舞池、剧场、游廊外、民族建筑中的庭院、垂花门前及园林自然风景区。园林以"三多"（牡丹多福、松柏多寿、石榴多子）的布局布置庭院、花台，寓意"福禄寿喜"。盆栽为室内常见的观花观果花木之一。石榴可吸收家中电器、塑料制品等散发的有害气体，对二氧化硫、硫化氢、氯气的抵抗力较强，是污染地区良好的绿化、净化树种。

食用功效

　　石榴富含营养，含有多种人体所需的营养成分，尤其含有强壮骨骼所必需的钙质较多，这在果品中非常稀罕，而维生素C的含量比苹果高1～2倍，脂肪、蛋白质的含量较少，属低热量水果，能够促进消化，增强体质，调节代谢，非常适合减肥人士及老人和儿童食用；有助于延缓衰老和防治癌瘤及预防动脉粥样硬化。美国《营养学》期刊指出，石榴中含有一种天然抗氧化物，可以对抗骨关节炎的发生，还有助于预防前列腺癌。

本页图片提供者：王宏大

石榴汁含有多种氨基酸和微量元素，有助于消化、抗胃溃疡、软化血管、降血脂和血糖、降低胆固醇等。所以，食石榴可预防冠心病、高血压。此外，石榴中的鞣酸对皮肤有很好的美化作用；所含成分可抵御日光辐射。

药用价值

石榴全身是宝，子、花、果皮、叶、根均可入药。种子榨油可食用，油中石榴酸含量高达80%，是一种独特的抗氧化剂，可预防动脉硬化引起的心脏病。石榴花有凉血、止血功能，也能止赤白带下，用其泡水洗眼，能够明目、消除眼疾。果皮与根皮，有抑菌、杀虫、涩肠、止带之功效，所提取物，具有广谱抗菌作用，又是驱虫杀虫的良药。石榴叶能够收敛止泻、解毒杀虫。民间常用来治疗跌打损伤，以叶捣敷受伤处有效。还可制成香茶，其清香味美，营养丰富。民间用酸石榴1个，连子一起嚼烂咽下，治疗胃口不好，消化不良。

健康提示

一般人群均可食用。尤其适用于口干舌燥、口舌生疮、口腔溃疡、腹泻、尿血、鼻衄、扁桃体发炎者食用。便秘、急性盆腔炎、尿道炎、糖尿病、实热积滞者忌食。多食易伤肺损齿、助火生痰。不可与番茄、螃蟹、海鲜鱼类同食。石榴与土豆同食会引起食物中毒，可用韭菜汁解毒。

选购宜忌

石榴以个大、皮薄饱满、色红黄、表面光滑、无虫蛀、味甜酸者为佳。优质的石榴，皮色鲜红或粉红，成熟后常会裂开，露出晶莹如宝石般的籽粒。存放石榴可放入塑料袋中扎好袋口，置于阴凉的室内储存，可储存4～5个月。食前清水洗净，小心不要把果汁染到衣物上，否则很难洗掉。

4. 枣

简介

　　枣，别名：大枣、红枣、小枣等。花期4～5月，果期7～9月。中国是枣的原产地和主产国，培育史和中华民族一样历史悠久，有"天然维生素丸"的美誉，被多部古籍奉为上品。中国枣大致划分为北枣和南枣两大品种群。南枣主要在长江流域以南的丘陵地区；北枣以黄河中下游、华北平原栽培最普遍，产量高，品种多，质量好，名扬中外。主产于河北、河南、山东、山西、陕西、甘肃、浙江、内蒙古、新疆等地区。现今已记录品种有800多个，包括制干、鲜食、蜜枣、两用及观赏品种。著名品种有金丝小枣、园枣、相枣、板枣、无核枣、晋枣、壶瓶枣、义乌大枣等。常见栽培变种有无刺枣、葫芦枣、龙爪枣、酸枣等。枣树为阳性树种、喜温、喜光、适用性强，以耐旱、耐涝、耐瘠薄、抗盐碱而著称，有生长期短、结果早、寿命长、耐烟熏、不耐水雾等特点，是名副其实的"铁杆庄稼"。

园艺应用

　　枣是"幸福、美满、吉祥'的象征。古往今来，各种喜庆活动和年节，枣都是不可缺少的珍品。它枝梗劲拔，翠叶垂荫，宜在庭院、路旁、廊边孤植或群植，游道旁片植或以观果树丛配植，果林，颇有特色。也对多种有害气体及烟尘抗性较强，适于工矿矿区绿化等。枣树又是重要的蜜源植物，"枣花蜜"是蜂蜜中的佼佼者，且富含营养，是"一日吃三枣，一辈子不显老"、"五谷加大枣，胜过灵芝草"的养生圣品，果可鲜食或晒干食，经加工成红枣、乌枣、蜜枣等，可长期保存食用；或入果馔，为糕点的填料，酿酒，或煲汤煮食。

食用功效

　　现代医学证实，枣果含多种维生素和人体必需的多种氨基酸，尤富含维生素C，有"天然维生素丸"的称誉。为免疫抑制剂，有抗变态的反应作用，又能促进白细胞的生成。降低血清胆固醇，使其多余转变为胆汁酸，减少胆结石的发生。还可提高血清总蛋白及白蛋白，保护肝脏，提高人体免疫功能。而富含钙、磷、铁对防治骨质疏松、再生障碍性贫血、血友病及产后贫血、过敏性紫癜、高血压、

预防输血反应、慢性肝炎和肝硬化均有良好的效果。所含的芦丁，能防治动脉硬化，有利于血管通畅，能增强心肌收缩力，改善肌营养，对保养心脏功能十分有益；所含环磷酸腺苷、儿茶酚对肝炎、毒疮、补血健脑、抗癌、健脾强身、宁心安神、增强食欲具有特殊疗效；还能促进皮肤细胞代谢，使皮肤白皙细腻，防止血素沉着，达到护肤美颜的效果。红枣能增强人的肌力和耐力，有益于病后恢复健康。常食红枣煮糯米粥，或配银耳炖食或煮粥食用，是一种很好的膳食补品，可滋养精血。

药用价值

　　枣的药用价值很高，枣果、枣仁、枣核、枣根、枣叶、枣树皮均可入药。《本草纲目》云："枣肉味甘平，安中养脾气，平胃气，通九窍、助十二经，补少气……久服经身延年。"张仲景在《伤寒杂病论》中，用大枣的古方达58种之多。临床常将大枣作为"养胃健脾、益血壮神"的常用药；民间也作为补血的药物，用以治疗血虚的病症。中医认为，它具有

益气补血、健脾和胃、润颜悦色等功效，用于脾胃虚弱、中气不足、心虚肝郁、食少便溏、气血两虚、心慌失眠、贫血头晕、血小板减少、慢性肝炎、心血管病、高胆固醇血症、过敏性紫癜和白细胞减少症。枣根可治月经不调、带下等症；树皮无毒，收敛性强，祛湿，能治腹泻、气管炎、肠炎等症，外用治外伤出血，枣的花粉是延年益寿的佳品。安神养血，益气补中：大枣12枚，甘草9克，小麦15克，水煎服。

健康提示

适用于一般人，尤以胃弱食少、脾虚便溏、气血两虚、营养不良、神经衰弱、贫血头晕、骨质疏松、更年期综合征、癌症、白血球血小板减少者适合食用。感冒发烧、湿痰、积滞、齿病、虫疡者及腹胀现象、糖尿病患者不宜食用。枣不宜与海鲜同食，否则易引起腰酸。煎煮时，需将枣连皮撕开，利于有效成分煎出。

选购宜忌

鲜枣应挑果皮光滑新鲜、果肉肥厚、清脆香甜、皮红肉青、无皱纹、无虫害的。干枣应挑果形饱满、肉质肥厚、个头均匀、皮色紫红、颗粒紧实、不脱皮、不粘连、无裂口、无霉变、无酸味者。缺少水分或有绵软感的枣属于次等枣，不宜购买。应用保鲜袋密封置于冰箱冷藏。腐烂变质枣勿食用。不宜与黄瓜、萝卜、动物肝脏同食。

5. 杏

简介

杏，别名：杏子、杏实等，有北梅之称。花期3～4月，果期6～7月。全球杏属植物有8种，中国有5种。栽培品种近3 000个，大致分为肉用型（食用果肉）、仁用型（或药用）、兼用型（榛杏）三大类型。肉用型著名品种有金太阳、凯特杏、红丰杏、新世纪杏、大棚王等，榛杏的著名品种有红金榛、沂水丰甜榛杏等。又有家杏和山杏两大类之分。家杏以食果实为主，山杏以食杏仁为主。杏是温带果树，适应大陆性干燥气候。喜光，适应性强，耐寒、耐旱、也耐高温。抗盐性较强，不耐涝，对土壤要求不严。具有成材快、结果早、寿命长、易管理的特点。

园艺应用

杏树是生命、绿色、和平、友谊、安宁、富足的象征。杏花在中国是吉祥美好的象征，是我国著名的观赏花木。它艳姿娇态，花茂鲜丽，配置于庭院堂前、道旁、墙隅，也可在大型园林或风景区内群植于水边、湖畔，山坡；又是沙漠、荒山造林绿化的优良树种；也具抗污染、二氧化硫的作用，可作为大气中氟化氢、酸雨污染的指示植物。其果实早熟、多汁、酸甜适口，在春夏之交第一个先上市的新鲜水果，在果品市场占有重要位置，又营养丰富。杏除鲜食，还可加工制成蜜钱、杏脯、杏酒、杏梅等；杏仁制成各种制品如：杏仁霜、杏仁露、杏仁油等。深受人们喜爱。

食用功效

化学分析证实，杏含丰富的苦仁甙（维生素B_{17}）、黄酮类、儿茶酚等，具抗癌的作用，常食能提高人体免疫力，抑制细胞癌变；又富含维生素C、维生素E、多酚类成分和不饱和脂肪酸，能降低人体内胆固醇的含量，能显著降低心脏病、心肌梗死及多种慢性病的发病危险性，还能强化细胞膜、防老、抗高血压；又能有效延缓皮肤衰老，使皮肤富有光泽和弹性。维生素A有保护视力、防目疾的作用；又有修复上皮细胞及防癌的作用。维生素B$_2$与烟酸能舒缓情绪；还富含胡萝卜素，可抗氧化，防止自由基侵袭细胞，有预防肿瘤的作用。

药用价值

中医认为杏有润肺、止咳、化痰、定喘、生津止渴、润肠通便、养血抗癌的功效。适用于肺燥干咳、喘促气短、口燥咽干、诸疮肿痛、老年咳嗽、虚咳气喘、慢性支气管炎、癌症等。民间有谚语说："端午吃个杏，到老没有病。"话虽夸张，却说明了杏的食疗价值。种仁（杏仁）入药，以苦杏仁为主，有降气、平喘、止咳、润肠、通便的功能，被誉为中医最常用的止咳化痰药。用于外感冒咳嗽气喘、肺疾病、肠燥便秘、偏头痛等。甜杏仁滋润心肺，可治虚咳气喘、肠燥及便秘等症。杏花：活血补虚。用于手脚逆冷，妇女不孕，肢体痹痛，寒热痹。感冒风邪、鼻塞身重或咳嗽多痰、胸

闷气短：杏仁、麻黄各6克，生甘草3克，水煎服，连服3～5日。体弱、怕冷、软弱无力、慢性咳嗽：甜杏仁5～10粒，每日早起嚼服1次。

健康提示

适用于一般人群，尤适于呼吸系统疾病、癌症患者的放疗、化疗及慢性病患者、肠燥便秘、痰多喘咳、心血管疾病、动脉硬化患者食用。阴虚咳嗽、肺有虚热、大便溏泻者忌服；产妇、幼儿、病人，特别是糖尿病患者不宜食杏和杏制品。服用安体舒通、氨苯喋啶和补钾药时不宜食用。一次不可多食、生食，否则易生痈疖、伤筋骨，尤其是苦杏仁，药用不可过量，否则易中毒。忌与黄瓜、小米、动物肝脏、胡萝卜同食。

选购宜忌

选购鲜杏，以果大、近卵形、具缝合线和柔毛、味香多汁的鲜品为佳；干品选色泽棕黄、颗粒饱满、大而均匀、完整者为佳。存放于密封罐中，储存在干燥阴凉处。

本页图片提供者：周承刚

6. 金橘

简介

　　金橘，别名：金弹、金柑、金枣等。花期6～8月，果期11～12月，原产于中国暖温和亚热带地区，广布于南方的广东、广西、福建、浙江一带，已有3 000多年的栽培历史。同属植物有圆金橘、山橘、四季橘、月月橘、长金柑。性喜温暖、湿润和阳光充足、通风良好的环境，略耐阴，忌干旱和积水。适生于深厚肥沃、排水良好、微酸性或中性的沙质壤土。

园艺应用

　　金橘树姿优雅，枝繁叶茂，葱茏青翠，花白如玉，芳香远溢。新春佳节，金果灿灿，香气满堂，生机勃勃，玲珑可爱。配置于院落、庭前、门旁，或群植草坪、树丛周围，既很别致，又可改变冬季的萧条景色。盆栽置阳台、庭院种植赏玩。还是华南地区和香港过年必备的盆果木之一。民间以橘喻吉，人称"吉祥果"，有喜庆祥瑞、金玉满堂的寓意。很多地区的人们在元旦、春节将金橘作为礼物相互馈赠，以祈求

新年喜悦吉祥。迄今商店开业、新居落成之时，时常将大盆金橘摆在大门两侧或室内厅堂，以满树金果寓大吉大利，财源滚滚。金橘能净化空气中的汞蒸气、铅蒸气、乙烯、过氧化氮等有害物质；对家用电器、塑料制品所散发的气味有吸收和抵抗作用。果实散发的芳香，令人愉悦，能有效抑制细菌，防止霉变，还能减少室内异味。

食用功效

现代医学研究表明：金橘果实富含维生素C，其中80%在皮中，维生素P及多种人体所需的氨基酸、有机酸等，起到防止血管脆弱和破裂、降低毛细血管脆性和通透性、减缓血管硬化、增强人体抗寒能力、预防感冒等作用，并对血压产生双向调节，常食对高血压、血管硬化、冠心病、风寒感冒、咳嗽等均有疗效。又富含维生素A，可防止色素沉淀，增进皮肤光泽与弹性，从而减缓衰老，防止皮肤松弛产生皱纹；又可预防哮喘及支气管炎。还含有充足的膳食纤维，促进肠道蠕动，加快体内废物的排出，预防便秘。还能缓解由于消化不良引起的胃腹胀痛。鲜橘汁所含的物质，可使致癌化学物质分解，抑制和阻断癌细胞的生长。

药用价值

食积气滞、脘腹胀闷：金橘5个，山楂、麦芽各10克。水煮取汁，每日温饮2次。果实、种子、根和叶均可入药。果实连皮带肉食，能够理气、解郁、生津、消食、化痰、利咽、除烦醒酒，为脘腹胀满、胸闷郁结、肝胃不和、食滞胃呆、百日咳、消化不良、食欲不振、咳嗽痰多、咽喉肿痛者食疗佳品。果皮解肝脏之毒，养护眼睛，治胃痛、胸胁、逆气。种子主治目疾、喉痹、瘰疬结核。根：行气散结，顺气化痰，健脾开胃，舒筋活络，主治胃痛、吐食、疝气、子宫下垂、产后腹痛。叶：舒根理气、开胃气、散肺气，主治噎膈、瘰疬。果、叶泡茶，可助消化，治食欲不振、久咳不愈。核：行气散结、化痰止痛、治疗感冒、去寒。金橘饼也有消食、开胃、化痰、理气、醒酒等作用，可用于治疗胸闷郁结、伤酒口渴、食滞胃呆及哮喘、气管炎等症。感冒咳嗽：金橘饼2个，生姜3片，水煎服，每日2~3次。

健康提示

适用于一般人，尤适于胸闷郁结、咳嗽痰多、烦渴、咽喉肿痛、食欲不振、伤食过饱、醉酒口渴者食用。对于易患心血管病的老年人特别适宜。内热亢盛如口舌生疮、牙龈肿痛、大便干结者不宜食用。脾胃气虚者不宜多食，糖尿病患者忌食。忌与萝卜、牛乳同食。不宜空腹食。

选购宜忌

选体大形圆、丰满完整、色金黄、皮薄、肉嫩、汁多、香甜、无伤痕、无病斑和虫害者为佳。食前用淡盐水洗净或用干抹布擦净，连皮一起食用，味道更佳。室温下可保持2周，时间超过月余缩水干萎。

7. 佛手

简介

佛手，别名：手柑、佛手柑等，是枸橼的变种。一年开花3~4次。盛花期为4月，果期为11~12月。原产于中国东南地区及印度、地中海沿岸。主产地为福建、广东、广西、台湾、浙江、云南、四川等省，现各地都有栽培，尤以浙江金华罗店的佛手历史悠久，品质优良，被誉为"果中之仙品、世上之奇卉"，雅称"金佛手"。而产于广东高要等地，称"广佛手"，产于福建福安等地称"建佛手"，产于四川合江称"川佛手"。长江流域以南及西南地区露地栽培，北方地区盆栽，冬季室内越冬。欧美各国及日本也有栽培观赏。品种不少，中国约有10种，有"拳佛手"、"开佛手"之分，也有部分为指状的称为"蜜罗"。依果实大小，分小果、大果、中果三个类型。要使佛手开花结果需注意其五爱五怕诀窍：爱温暖、爱阳光、爱潮湿、爱通风、爱微酸沙壤土；怕霜冻、怕干旱、怕盆涝、怕煤烟、怕黏结土。

园艺应用

佛手树干苍劲古朴，枝叶繁茂，叶色泽苍翠，四季常青。果形千姿百态，奇特美观。果实色泽金黄，香气浓郁，能散发出持久醉人的芳香，适于室内盆栽。特别是新春佳节，可作为极好的节日珍品，也因含水量少，耐贮藏，深受人们喜爱，还认为"佛"与"福"音相近，常将佛手与灵芝，或数个果实并陈，作为清供，寓意吉祥与幸福，或作为珍贵的礼物馈赠，表示祝寿双全。将它置于厅堂、书案上，极为古色古香，给书房增添

本页图片提供者：丰华

几分雅气，让人感到妙趣横生，又能调节居室空气，是文人、老人室内不可多得的闻香赏果之佳品，果实提炼的佛手柑精油是美容护肤佳品。

食用功效

据史料记载：佛手对中枢神经、肠道平滑肌有明显的抑制作用，能促进消化液分泌及肠蠕动，促进大肠内气体排出，对乙酰胆碱引起的十二指肠痉挛有显著解痉作用；能扩张冠状动脉，增加冠脉血流量，有镇痛、抗炎、消肿、抗心肌缺血，抗惊厥、抗病毒、抗凝血和止血及保护心脏的功效。佛手富含多糖，可提高机体免疫力，具抗肿瘤、抗氧化等作用。还可以降血脂、抗血栓、降血糖、抗辐射和增强骨髓造血功能等。常食有利尿排钠、扩张血管、降压的功效。佛手又富含锌，可提高智力，利于儿童智力发育。还可加工蜜饯、佛手茶、佛手露、果冻和果酒等。果皮和叶含芳香油，可作为调香原料。

药用价值

佛手是味疏肝理气、和胃止痛、健脾消食、止咳化痰的中药。用于肝胃气滞，胸胁胀痛，胃脘痞满，食少呕吐。《本草纲目》载："煮饮酒，治痰气咳嗽。煎汤。治心下气痛。"根治男人下消、四肢酸软；花、果沏茶泡酒有消气作用；果性味辛、苦、酸、平。入肝、胃经，有理气开胃、化痰、疏肝、止痛等效。治胃病、呕吐、噎膈、高血压、气管炎、肝炎肋痛、哮喘等病症，《滇南本草》说它"补肝暖胃，止呕吐，治胃气痛、和中行气。"佛手花有"平肝胃气痛"的作用，用于胸胁气滞作用，并能开胃醒脾；佛手露（佛手蒸馏所得的液体）有"悦脾、舒肝、疏气、开胃、进食"的作用，"专治气膈、解郁、大能宽胸"，堪称为一种健胃的保健饮料。花与果实均可食用，可作佛手花粥、佛手笋尖、佛手炖猪肠等菜肴，有理气化痰、舒肝和胃、解酒之效。佛手花用于泡澡，也有消气作用。妇人白带、腰背酸痛：佛手30克、猪肠30厘米。水煎喝汤食猪肠。

健康提示

适用于一般人群，尤适于消化不良、胸闷气胀、湿痰咳嗽、肝胃气痛、慢性支气管炎、肺气肿、呕逆不止、反胃作呕、哮喘者食用。但阴虚有火，无气滞症状者慎服。忌生食。

选购宜忌

选个大新鲜、掌状、体长、颜色金黄、质地较软而韧，闻之气芳香、尝之味酸苦者为佳。

8. 桃

简介

桃，别名：桃实、寿桃等。花期3~4月，果期6~9月。民谚素有"桃三杏四梨五年"之说。原产于中国西部及北部，起源于甘肃和陕西等地。迄今已遍及全球各地，品种多达4 000余种，中国有1 000多种。分为食用桃和观赏桃两大类。性喜温暖、湿润，喜光、耐旱、耐热、不耐水湿、不耐碱，有一定耐寒力。除酷寒地区外均可栽培。

园艺应用

中国从古至今称桃为"天下第一果"。中国人把桃作为福寿、祥瑞的象征，民间喻为繁荣、幸福、美满、吉庆、和谐的佳兆。千百年来是南北园林中必备且广泛栽植的花木之一。多植于庭院、路旁、山坡、溪畔或成片栽植于风景区、旅游区、森林公园中，经精心设计，形成具有意境的桃花园、桃花溪、桃花洞等，并与柳、竹、松等配置，营造出中国园林春季独特的景观。还可盆栽造型及制盆景观赏，又可作切花、插花之用。桃树对二氧化硫、氯气抗性较强，吸收硫的能力也较强，是良好的环保花木，又是检测乙烯的指示植物。

食用功效

桃子可鲜食，也可炖煮或榨汁，还可制成果酱、罐头、桃干或放入酸奶中，很受消费者青睐。桃含有多种维生素、果酸及钙、磷等无机盐，具有补益气血、养阴生津的作用，用于大病之后，气血亏虚、面黄肌瘦、心悸气短者；膳食纤维与有机酸能帮助消化，促进肠胃蠕动，增加食欲；富含铁质，为苹果和梨含量的4～6倍，具有促进血红蛋白再生的能力，是缺铁性贫血病人的理想辅助食物；还能清除体内废物，补血健脾，增添脸颊红润，是自古以来宫廷美容秘方中不可缺少之良材。含钾多、含钠少，可利尿消肿，适合水肿病人食用；所含烟碱酸能有效促进血液循环，有解酒并改善宿醉、缓解酒后不适的作用。桃仁含脂肪油、苦杏仁甙等，有止咳平喘的作用，又具抗血凝、增加血流量、改善微循环、抗过敏、抗炎、镇痛、抗癌防癌的作用。因此，科学食桃能养容益体，延年增寿。

药用价值

　　鲜桃（去核）250克，柠檬（去皮、核）30克，白糖、冰块各30克。加凉开水400毫升和白糖榨汁，加冰块混成稀浆汁，每次服200毫升，日服3次，可治疗冠心病。桃味甘酸，性温，入胃、大肠经，具补益气血，养阴生津之效，用于大病之后气血亏虚、面黄肌瘦、心悸气短等症。桃仁、花、树皮、根、叶、树胶均是良药。桃仁活血祛瘀，润肠通便。临床常用于由血管栓引起的半身不遂、经闭不通、痛经、血压过高等症。桃花含萘酚，利水通便、活血化瘀。治急性黄疸型传染性肝炎、浮肿腹水、小便不利；外敷治疮疡溃烂。根、皮清热利湿、活血止痛、消瘫肿解毒。治跌打损伤、风湿痹痛、腰痛等症。桃叶祛风清热、燥湿解毒，发汗杀虫。煎洗治疗湿疹、痔疮、阴道滴虫。瘪桃干（未成熟的干幼果）收敛止汗，养胃除烦，常治疗小儿虚汗、妇女妊娠下血等症。自汗、盗汗方：瘪桃干（炒至微黄）、大枣各24克，水煎睡前服，每日1次。

健康提示

　　适用于一般人群及低血糖、低血钾、缺铁性贫血、水肿、面黄肌瘦、闭经、瘀血肿痛、痔疮、高血压患者食用。尤其适宜年老体弱、肠燥便秘、阳虚肾亏者。未熟或烂桃不能食，否则肚胀、长痈疖；老人、小孩不宜多食，易生内热；孕妇及糖尿病、溃疡病、慢性胃炎患者忌食。不宜与酒、龟、鳖肉同食。桃仁小毒，忌生食。

选购宜忌

　　果大、果形饱满、无碰伤、有桃毛、色美而脆、果香浓郁者为佳。将桃在盐水浸泡5分钟，轻搓洗掉桃毛即可食用，不宜放冰箱。桃很容易变质，应尽快食用。

9. 荔枝

简介

荔枝，别名：离枝、丹荔、荔支等。花期3~5月，果期5~8月。为中国的特产，距今已有2 000多年的历史，为一种特殊型的夏季珍果，色、香、味皆美，被誉为"岭南第一佳果"，广栽于华南等地。生长于海拔1 300米以下的低山丘陵常绿阔叶林。现在，两广及海南的原始森林中仍有野生荔枝树，品种约130种，常见40种左右。以广东、福建、广西、四川为四大产区。著名品种

有糯米糍、妃子笑、三月红、桂味、黑叶等。喜光，幼龄期耐庇荫，喜温暖至高温湿润气候，怕霜冻，对土壤适应性强。抗风、抗大气污染，萌芽性强，耐修剪，为内生菌类型，生长缓慢，寿命长。

园艺应用

荔枝树冠广阔，枝叶繁茂如盖，自古以来为南方珍贵果树、庭院风景树和绿荫树，种在塘、浦、池、渠边，垂映水中，甚为美丽。其果颗大如珠，颜色娇艳，或鲜红欲滴，或翠绿动人，鲜艳多姿。远望犹如玉液琼浆，甘美无比，给人们生活增添了无穷乐趣，荔枝除鲜食，果肉可制罐头、酿酒、制酱、造果汁，从其中提取有效成分，可用于医药、保健、美容、化妆。又是食谱中的名贵佳肴，如荔枝鱼块、荔枝肉、荔枝炖鸡、荔枝山药粥等。

食用功效

荔枝果肉营养丰富，含66%葡萄糖、5%蔗糖、多种维生素、矿物质及氨基酸。近代医学证明，它能迅速补充能量，增加营养，对大脑细胞有补养的作用，能明显改善失眠、健忘、疲劳等症状；也有利于皮肤细胞的新陈代谢，减少色素的分泌及沉积，还能补血健肺，对促进微细血管的血液循环有特殊的功效，可防止雀斑生成，令皮肤光滑、面色红润，也对妊娠产生色素沉着有一定改善。所含的维生素C和蛋白质，可增强机体免疫

功能、提高抗病能力；还能消肿解毒、止血止痛，用于辅助治疗如肿瘤、疮疖恶肿、外伤出血等外科疾病。此外，荔枝含大量的果胶，可降低胆固醇，有助于肝脏代谢。并有降逆之功效，是顽固性呃逆及五更泄泻者食疗的佳品。

药用价值

用荔枝干10~15枚，去核壳，加适量大米、山药、莲子共煮粥饮服，可治疗肾虚五更泻。中医认为荔枝补气健脾、养血益肝、止泻、止渴、益智、通神、解毒。主治脾虚久泻、呃逆不上、血虚崩漏、体质虚弱、小儿遗尿、瘰疬、痘疹等症。民间历来视为滋补养颜益寿佳品。其提取的有效成分，用于医药、保健、美容、化妆。发酵后的果汁，具有降血脂、血糖、血压、软化血管、减肥的作用。荔枝的根、核、壳、花均可入药医疾。荔核可散寒去湿、行气止痛，治胃脘痛，女性腹中血气刺痛。荔根理气止痛，解毒消肿，健脾益气，治胃寒胀痛、疝气遗精、消瘦、肢软、小便频数。荔壳除湿止痢，清心降火，收敛止血。治疗脱肛、痢疾、小儿痘疮病、产妇口渴、血崩、湿疹。荔花调经理带、止痛。蜜蜂采酿的蜜，为蜂蜜中最上乘者。荔枝蜜有补心益脾、安神养血的功效。治脾胃虚弱：荔枝干10枚，大枣5枚，水煎服，每日1剂。

健康提示

适用于体虚、贫血、病后、胃寒疼痛、脾虚腹泻、产妇、老人、养颜美容者食用。不要空腹食，忌食过量，尤儿童不宜多食，否则会烦热、喉咙易上火、咳嗽、流鼻血。民间有"一颗荔枝三把火"之说。严重的得"荔枝病"，出现头晕恶心、四肢乏力、头昏眼花的症状，应立即口服葡萄糖液或白糖水，严重者及时送医院治疗。糖尿病患者、痰湿阻滞、阴虚火旺者忌食。忌与胡萝卜、黄瓜、动物肝脏同食。荔枝干能大补元气，为其他滋补品所不及。食之应适度，避免过食伤身。

选购宜忌

选购以新鲜、个大、饱圆、龟甲纹明显、色呈红润、肉质白润、肥厚甜嫩、核小、汁多、手捏有弹性者为佳。买回应用清水或淡盐水浸泡，趁鲜食，若未用完，密封包好，冰箱冷藏。

10. **龙眼**

简介

　　龙眼，别名：桂圆、桂元。花期4~5月，果7~8月成熟，桂圆是中国特产，原产于我国南部、西南部及越南北部。在云南、海南、广西等地发现了大面积的野生龙眼，已被列为国家二级珍贵树种。我国种植的龙眼集中在华南、华东，在丘陵山地、河谷地带、

坡地、河流两岸及村寨附近、房前屋后广为栽培。以广东、福建、广西和台湾省为四大主产区。桂圆肉有"南国人参"之称，是中医传统补药。我国卫生部将其定为既是食品又是药品的水果。世界龙眼的分布以亚洲南部为主，共6种，我国有3种。著名的品种有东壁、普明庵、石峡、八月鲜、胡底、圆粉壳。喜阳、稍耐阴；喜暖热湿润气候，稍比荔枝耐寒、耐旱。对土壤适应性强，生长较快，寿命可达千年。

园艺应用

　　龙眼树枝叶极为繁茂，树姿优美，四季常青，是园林结合生产的好树种，是美化城市、绿化丘陵山地、改善生态环境较理想的树种。宜作为行道树、园景树、防风林树或其他树种混交组成风景树栽植，也是南方丘陵山地保持水土、涵养水源的优良树种之一。果实营养丰富，是珍贵补品，除鲜食、制罐头、果酒、果膏、果酱等外，加工桂圆干肉也深受人们喜爱。药谚有"补气之功，力胜参芪"之说。李时珍曾说过："食品以荔枝为贵，而滋益则以龙眼为良"。

食用功效

　　现代医学研究表明，果肉除含全糖和还原糖外，还含蛋白质、磷、钙、铁和维生素A、维生素B、维生素K及少量的硫胺素、核黄素、抗坏血酸等，都是人体必需的物质。既可提高热能，补充营养，又能促进血红

蛋白再生，升高血小板，改善毛细血管脆性，降低血脂，增加冠脉流量，对高血压、冠心病有防治作用。国内外科学家发现，龙眼肉有明显的抗衰老、抗癌作用，尤对子宫癌细胞有90%以上的抑制率。女性更年期是妇科肿瘤好发的阶段，适当吃些龙眼有利于健康。所含维生素P和维生素C对人体有特殊功效，能增强血管弹性，保持良好功能，还有抗应激等作用，可用于腹泻、皮炎、痴呆等症。还富含铁及维生素B_2，有安胎作用，能减轻宫缩及下垂。此外，龙眼花含蜜量丰富，是极好的蜜源植物。近年来通过研究发现，龙眼肉尚有抑制癌症细胞的作用，对大脑皮质有镇静作用。

药用价值

中医认为，龙眼性温，味甘。具补脾益胃，养血安神，补心脾，补血，益气血，健脑益智。《神农本草经》记载："久服强魂魄，聪耳明目，轻身不老。"治体弱贫血、年老体衰、久病体虚、虚劳羸弱、心悸怔忡、失眠健忘、脾虚腹泻、产后浮肿、精神不振、自汗盗汗、月经不调、崩漏等症。果壳、核、叶、花、根可入药。果壳收敛、治疗心虚头晕、散邪祛风；果核理气止痛、止血、化湿。治疝气、创伤出血、瘰疬、腋臭、疥癣、湿疮。用于外伤亦有良效；叶清热解毒，发表。用于感冒、预防流感、肠炎、痢疾；根祛风利湿，通络理带，涩精。治月经不调、白带、乳糜尿、遗精、小便白浊等症；花疗妇女白带、下消、糖尿病、血丝虫病。神经衰弱、失眠健忘：龙眼肉、酸枣仁各9克，莲子15克，芡实10克，同炖汤，睡前服，连服2~4日。

健康提示

适用于一般人群，尤以病后体弱、妇女产后、年老体衰、久病体虚者适宜食用。失眠、贫血、记忆力减退者均可多吃。凡虚火偏旺、风寒感冒，消化不良者忌食。有大便干燥、小便黄赤、口干舌燥、腹泻、内热旺盛者不宜食用。少年体壮者宜少吃。服用糖皮质激素、苦味健胃药及退热药时禁食。

选购宜忌

选购鲜果，以果皮新鲜、果粒大、色棕黄、圆整均匀、果肉厚、无损伤、果柄新鲜不萎、味道香甜者为佳；选购龙眼肉以片大而厚、色黄棕、半透明、甜味浓者为佳。龙眼易变质，不宜储存太久，购后即进食。

11. 梨

简介

梨，别名：玉乳、蜜父、快果等。花期4月。果9月成熟。中国是梨树的故乡，也是梨属植物的起源地之一。全世界梨属约有30多个种，有13种原产中国，多为栽培种，古人称之"百果之宗"。迄今遍布大江南北，仅次于苹果和柑橘，在国内名列第三，在世界果品市场上梨属被称为"三大果霸"之一。可分为中国梨和西洋梨两大类。中国梨又分为秋子梨、沙梨及白梨三大系，西洋梨原产于欧洲，19世纪引入中国。我国梨树品种达3 000个以上，各地都有名种，如新疆的库尔勒香梨、青海的冬果梨、贵州的大黄梨、四川雪梨、安徽砀山梨、山东莱阳梨、河北鸭梨等。梨喜冷凉干燥气候，抗寒性较强，喜光照充足，耐湿、耐旱、耐瘠，不怕盐碱和水涝，抗病力强。对土壤要求不严。

园艺应用

梨树先花后叶或花叶同时怒放，恍若一片白云，一派纯洁、高雅、吉祥的新景象。置盆栽梨花于大型厅堂，秋天硕果累累，寓意丰收、兴旺发达。古时妇女喜欢用梨花作头饰，还有逢梨花盛开之际，欢聚于梨树下赏花、饮酒的习俗，并雅称这种聚会为"洗妆"。这种习俗唐代最盛。梨树也是园林、庭院很好的观赏花木，孤植、丛植或列植于路边、水岸边或墙隅一角观赏，或种植于村间屋前宅旁，美化绿化家园。梨肉脆多汁，酸甜可口，营养丰富，有"天然矿泉水"之称，又是一味治病良药，除鲜食，可制梨脯、梨汁、梨膏、梨酒和酿酒、做罐头等。深受男女老少欢迎，成了百姓家中的日常水果。

食用功效

现代医药研究表明，梨富含糖类和多种维生素，易被人体吸收，可增进食欲、保护肝脏，尤其富含的B族维生素能保护心脏、减轻疲劳、增强心肌活力，降低血压。常吃梨能使血压恢复正常，改善头晕目眩等症状；

还能防治动脉粥样硬化，抑制致癌物质亚硝胺的形成，从而防癌抗癌。此外梨所含的配糖体及鞣酸等成分，能祛痰止咳，对咽喉有养护作用。对肺结核所致的咳嗽，具有较好的辅助治疗作用，且果胶含量很高，能促进消化、利通大便、排毒瘦身、降低胆固醇、减少卒中危险；又富含硼元素，可维持骨骼健康，预防骨质疏松；含钾量高，可调节血压、利尿、维持人体组织正常功能。梨与苹果、胡萝卜、香蕉等制成果汁是秋季绝佳的保健饮料，可缓解秋燥，有益健康。食用煮熟的梨子，可帮助肾脏排泄尿酸，预防痛风、风湿病和关节炎。

药用价值

梨榨汁或切片拌上少许盐同食，清热解毒，对口渴、发热、便秘者有益。梨花、果、叶、果皮、枝、根均可入药。花做菜肴，能润肺、化痰、止咳、解酒、美容。果实味甘，微酸，性寒，属凉性水果，具有助消化、生津止渴、清热降火、润肺止渴、养血生肌、解毒疮和酒毒、利尿润便的作用。主治热病烦渴、肺热咳嗽痰多、小儿风热、咽痛失音、眼赤肿痛、大便秘结、小便黄少等症。古医书称梨

"生者清六腑之热，熟者滋五脏之阴。"对肺结核、气管炎和上呼吸道感染所出现的咽干、痒痛、音哑、痰稠等症有良效。叶利水、解毒，可治食菌中毒、小儿疝气、霍乱吐泻等症。梨皮泡茶可解暑止咳。枝煮汁可治腹泻。梨根润肺止咳，理气止痛，治疝气腹痛、止咳。肺结核咳嗽：雪梨1个，水发银耳6克，川贝母3克，水煎服，连服1~3周。

健康提示

适宜肝炎、肺结核、大便秘结、急慢性气管炎、上呼吸道感染、心脏病及食道癌患者食用；老师、播音员及歌唱演员常食，可保护嗓子，预防炎症及喉癌、肺癌和鼻咽癌。生梨性寒，慢性肠炎、脾胃虚寒、呕吐便溏者不宜食；产妇、金疮、小儿痘后亦勿食，糖尿病患者、发热的人忌食生梨。忌与鹅肉、螃蟹同食，易致腹泻；也不可多食，否则助阴湿，伤脾胃；也不宜与碱性药物同用，如氨茶碱、小苏打等。

选购宜忌

选上品的梨，以果实新鲜、个大饱满、蒂新皮光滑、果形端正、肉质脆嫩、汁多、无霉烂、冻伤为佳；其次挑选花脐处凹坑深的，它比花脐处凹坑浅的质量要好。储存冰箱，需纸袋包裹，时间为1周之内。

12. 桑葚

简介

　　桑葚，别名：桑果、桑实、乌椹等。花期4~5月，果期5~7月。原产于中国中部地区及北部，分布在海拔1 200米以下的低山、丘陵及平原地带。现南北广泛栽培，尤以长江中下游各地为多，贵州、湖南、湖北、云南等省的野生资源相当丰富，以辽宁、河北所产质量为上乘。我国是世界桑树的起源中心与蚕桑生产发源国，已有5 000多年的历史。我国有15个种和4个变种，约有260个地方品种，分为山桑、白桑、鲁桑三大原种系统。并伴随着养蚕及丝绸技术传到南亚、中亚及欧洲、北美洲的温带地区，以及亚洲、非洲和拉丁美洲的热带地区，成为广为种植的一种树木。桑树为喜光树种，幼龄树梢耐庇荫。喜温暖湿润气候，耐寒耐热、耐干旱瘠薄，喜水湿，但畏涝，对土壤适应性强，抗风、生长快、萌芽性强、耐修剪、易更新复壮。

园艺应用

　　桑树冠广叶茂，宜作观赏树、庭荫树、行道树；可孤植于草坪、树坛中，能抗烟尘及多种有毒气体，是城市、工矿及农村四旁绿化、防护林树种，且具有贮水、遏制风沙、保持水土的能力，是北方生态环境建设中的重要树种，又是很好的蜜源树种，其花粉多，散植、丛植于绿地可诱引病虫害天敌。桑是古代农业重要的植物，2 000多年前已是中国皇帝御用的补品，还是祭祀神灵和祖先的必需供品。它又是天然生长、无任何污染。除鲜食外，桑果还可制成汁、醋、酒、膏和果干蜜饯等。目前，全球正掀起开发第三代水果资源热潮，桑葚被列为其中之一。它已进入高档宾馆及众多消费场所，颇受消费者青睐。

食用功效

现代医学证明，桑葚对脾脏有增重及增强溶血反应的作用，可增强免疫，促进造血红细胞生长，防止人体动脉及骨骼关节硬化，促进新陈代谢，防止白细胞减少。食用适量对糖尿病、冠心病、神经衰弱等症有良好的辅助功效。含有丰富的果糖、葡萄糖、无机盐和多种维生素及人体所需的氨基酸、微量元素，能有效地扩充人体的血容量，且补而不腻，具有很好的滋补心、肝、肾及养血祛风的功效。并对耳聋眼花、须发早白、内热消渴、动脉硬化、血虚便秘、风湿关节痛等均有疗效。常食桑葚可以明目、缓解眼睛疲劳干涩、并能延缓衰老，是中老年人的健康佳果与良药。桑葚含有乌发素，能使头发变得黑，有光泽；还能改善皮肤（包括头皮）

血液供应，营养肌肤，使皮肤白嫩并能延缓衰老。此外，桑葚富含铁和维生素C，是补血佳品，很适合妇女产后血虚体弱者食用。

药用价值

桑葚，营养丰富，具有滋阴补血、补虚益气、补肝益肾、润肠通便、利关节、安神、乌发、滋养眼睛、利水、解酒等功效，主治肝肾阴亏、头昏目眩、头发早白、腰膝酸软、血虚失眠、口干舌燥、消渴、便秘、目眩、耳鸣、瘰疬、关节不利等症。被医学界誉为21世纪最佳保健果品，1993年被卫生部列为"既是食品又是药品"的水果。叶、枝、皮和果皆为良药。桑叶能疏风清热、清肺润燥、清肝明目，凉血、抑菌、止血。用

于风瘟发热、头痛、目赤、口渴、肺热咳嗽、风痹、隐疹、咽喉肿痛、头目眩晕等症。经霜桑叶古人称之为"神仙叶"，煎汤代茶饮令人聪慧。桑枝祛风活络、通利关节、燥湿利水，治风湿性关节炎、风热臂痛、四肢麻木、扭挫伤等症。桑白皮止咳平喘、利水消肿，用于肺热咳嗽、面目水肿、小便不利、高血压、糖尿病及跌打损伤等症。桑寄生治疗腰膝酸痛、筋骨痿弱、胎动不安。桑果熬炼的桑葚膏为滋补佳品，有益肾、养肝、明目的功效。肾虚、须发早白：干桑葚、首乌各30克，水煎服，每日1剂，常服。

健康提示

　　适用于一般人群，尤以产妇、中老年人、过度用眼、血虚体弱、肝肾阴血不足、骨质疏松、久咳、失眠、自汗、少年发白者、习惯性便秘者用。忌食未成熟的青桑葚。熬桑葚膏时忌用铁器。脾胃虚寒、食少便溏腹痛、糖尿病人忌多食，过量食用后易发生溶血性肠炎，尤其儿童不宜多食。忌与鱼、虾等海味同食。

选购宜忌

　　选新鲜、果大、肉厚、成熟、色紫黑、长圆形、糖分足、无碰伤、压伤为佳。桑葚有黑、白2种，鲜食以紫、黑色为补益上品。食前清水洗净，盐水浸泡3分钟再进食。鲜果（忌水洗）可入冰箱冷藏，但应尽快食完。

13. 火棘

简介

　　火棘，别名：火把果、赤阳子、醉果、火焰树等。花期4~5月，果期9~11月。原产于黄河以南及广大西南地区，分布在海拔700~2500米的山地、河谷、砾滩或岩缝之中，也有自成群落的。现广泛分布于广西、云南、四川、西藏、贵州、陕西、甘肃、河南、湖北、湖南、江苏、浙江、福建等省区的山区。特别是陕西秦岭、河南的伏牛山一带生长最多。本属有10多种，中国有7种，常见的栽培种类及变种有：窄叶火棘、全缘火棘、细圆齿火棘和台湾火棘4种。火棘系亚热带

树种，喜阳光，也耐半阴，喜温暖湿润、通风良好、向阳环境，适应力极强。根系发达，抗旱性较强，又耐瘠薄，对土质要求不严，喜深厚肥沃的土壤。萌发力强，耐修剪。

园艺应用

　　火棘茎干奇古，柔韧坚实，枝叶茂盛，曲折多姿、四季常青，初夏白花皑皑一片洁白，清爽宜人；入秋红果累累，白花红果相映，赛似珍珠，灿烂夺目，饶有雅致，且经久不凋。常在庭院内剪作球形，装点绿地或作

绿篱，也可在园林四周丛植，还可孤植于草坪、路隅、池畔点缀数丛，十分雅致。红果在枝上经久不落，可用来布置山石美景、切枝插瓶，或用老桩制作成直干式、斜干式、曲干式、双干式、悬崖式等多种树形的盆景，可赏可玩。且火棘是优良的乡土常绿灌木植物，具有根系发达、生长快、成活率高、适应性强的特点，有保水、固土、拦沙功能，可广泛应用于矿山、公路、铁路、河流堤坝等边坡的绿化保护。火棘对空气中的二氧化硫、氯化氢抗性较强，可净化家庭空气，是优良的环保树种之一。

食用功效

火棘果实味酸甜，富有营养，含有机酸、蛋白质、氨基酸、维生素和多种矿物质元素、果胶和色素等物质，可鲜食，或加工各种果干、果脯及饮料。所含淀粉可用来酿制果酒或磨粉当杂粮食用；果实富含红色素，对人体安全无毒，着色力强，热稳定性、耐光性、水溶性很好，为优质食品添加剂；还可进行果丹皮制作、果酱生产。果实和根可入药，有消食、健胃等功效。它是陕南商洛地区秦岭山中的特产。研究发现，其含有生物增白活性物质，能有效抑制酪氨酸酶，使皮肤不产生黑色素，可广泛应用于化妆品工业中。

药用价值

火棘味甘酸，性平。果可消积止痢，活血止血。用于消化不良，肠炎、痢疾、小儿疳积、白带过多、产后腹痛。根可清热凉血，疗虚痨骨蒸潮热、肝炎、跌打损伤、筋骨疼痛、腰痛、牙痛、崩漏，白带、月经不调、吐血、便血。叶清热解毒，治痘疮，外敷疗疮疡肿毒。

健康提示

适用于一般人群。

选购宜忌

选个大、体重、色橘红、新鲜、无虫害者为佳。

14. 海棠果

简介

海棠果，别名：八棱海棠、奈子等。花期3~4月，果期8~9月。原产于中国北部，生于海拔2 000米以下山区、平原，迄今野生资源已不易见到。现广布于大江南北，主要分布在华北。四川盛产西府海棠，又称蜀客、蜀花，主要品种有八棱海棠、西府海棠及垂丝海棠。其适应性强，喜光照充足及温暖的环境，耐寒，耐干旱，忌水涝，在干燥地带生长良好。对土壤要求不高，适应范围很广。

园艺应用

海棠种类繁多，树形多样，叶茂花繁，花朵娇艳妩媚。古代人们将海棠果和美玉一起作为友好往来、相互馈赠的礼品，迄今已在众多城市中大量应用，特别是古典园林中，无园不植海棠。常与玉兰、牡丹、桂花相配植，形成"玉棠富贵"的吉祥意境。现代园林以群植、片植、地栽装点公园、风景区及庭院，可以在门庭两侧对植，或在亭台周围、丛林边缘、水滨池畔、公园游步道旁两侧列植或丛植，当秋果成熟时，红果高悬枝间，恰似红灯点点，乘风荡漾，玲珑可观，别具特色。海棠对二氧化硫有较强的抗性，也适用于城市街道绿地和厂矿区绿化。用于制作盆景，置于客厅，十分悦目；还可做切花，供瓶插及其他装饰之用。海棠具有药用及其他经济价值。枝干为苹果砧木，木材供雕刻，花可制茶，提取香料，还可入肴，宜作冷盘拼花。种子含油量达30%，榨油能食用、制肥皂。果有"百益之果"之称。除生食外，还可制果脯、蜜饯、果酱、果醋、果丹皮或果酒，是广大北方地区的一种鲜食水果。

食用功效

海棠果中含有大量人体必需的营养物质，如糖类、多种维生素、有机酸等，可供给人体养分，补充人体细胞内液，生津止渴，又可提高机体免疫力，还能帮助胃肠对食物进行消化，有健脾开胃的功效，可用于治疗消化不良、食积腹胀、肠炎泄泻以及痔疮等病症。此外，还可软化血管，对高血压、冠心病有明显的预防作用。

药用价值

海棠果肉味甘微酸，甘能缓中，酸能收涩，能收敛止泻、生津止渴、健脾开胃、和中止痢。治疗泄泻下痢、遗精滑泄、大便溏薄等病症。明代医学家李时珍的研究证明，海棠果能祛风湿、平肝舒筋。主治风湿疼痛、脚气水肿、吐泻引起的转筋、妇女不孕、尿道感染等症。鲜叶或干叶可泻火明目，杀虫解毒。用于治疗眼目青盲、翳膜遮眼及小儿疳疮。根水煎服具有驱虫、杀虫的作用，可治蛔虫等所致疾病。化疾止泻：海棠果、鲜芥菜各30克，生姜3片，葱白2根。海棠洗净去皮，切薄片与洗净芥菜同放锅中，加水、生姜、葱白，旺火煮沸，加调料趁热一次服食完，每日2次，连服5天。

健康提示

适用于一般人群，因其味酸，脾弱气虚、胃溃疡及胃酸过多患者忌食。海棠与杏同食不宜过多，否则易造成胃腹不适。干品水煎，因含果酸多，以砂锅煮为宜，忌用铁锅，以免引起中毒。

选购宜忌

以皮色鲜艳、果实完整端正、微软而有弹性，无病斑、虫蛀、碰伤及腐烂者为佳。鲜果切开晾为海棠片，储藏期可长达3年。

15. **槟榔**

简介

　　槟榔，别名：青仔、大腹子等。果期：3~6月采成熟果（俗称榔玉），11~12月采青果（俗称榔干）。原产于热带雨林的南洋群岛，主要分布在中非和东南亚，以印度、印度尼西亚、斯里兰卡、菲律宾等国最多。中国引种栽培已有1 500年历史，海南、台湾两省栽培较多，广西、云南、福建等省区也有栽培，为我国重要的中药材。槟榔长期生长在热带季风雨林中，形成了一种喜温、喜湿和好肥的习性。喜土层厚，表土黑色、有机质丰富的沙质壤土或黄壤土最为理想。一般定植后7~8年开花结果，20~30年为盛果期，寿命最高可达100年以上。

园艺应用

　　槟榔树干挺直圆滑，枝叶婆娑，椰林风光，为南方园林、庭院和人行道理想的绿化风景树及园景树。海南三亚保亭县甘什岭自然保护区，因两边山峦峻峭，中间是一条连绵数公里的槟榔谷地，故称槟榔谷。谷内是本土黎家，槟榔就是代表黎族人家，在黎家，没有槟榔不成礼，没有槟榔不成婚，至今还把槟榔作为爱情的象征。在云南傣族人民的心中，它是吉祥幸福的象征，无论男女老幼都喜欢嚼槟榔，并用它来招待客人。海南待客有"茶、烟、酒、槟"四种等级，槟榔一直作为上等礼品，只有在迎贵宾、婚庆等重大节日才摆上筵席。也是与益智仁、砂仁、巴戟天被誉为中国四大南药之一，药用价值很高。

食用功效

　　果实中含有多种人体所需的营养元素和有益物质，如脂肪、槟榔油、生物碱、儿茶素、胆碱等成分。其中槟榔碱有驱虫的作用，其煎剂和水浸剂对甲型流感病毒某些株菌有一定的抑制作用，还可增加肠蠕动，收缩支气管，扩张血管，减慢心率、使血压下降，对于高血压有一定预防作用。槟榔碱还可治青光眼，且对幽门螺旋杆菌感染有奇效，热带民族多将未成熟的果实用作茶果供宾客食用。此外，槟榔还能兴奋N-胆碱受体，使骨骼和神经节兴奋，食后面潮红，精神焕发；还能加强胆囊、肝总管收缩，加速胆汁排出，有利于肝总管内结石的排出。但世界卫生组织癌症研究中心指出：嚼食槟榔是导致口腔癌的一

个因素。据报道，全球每年发生39万例口腔癌症（口腔癌或咽癌），其中22.8万例发生在南亚和东南亚地区。而这些地区居民大都有咀嚼槟榔或槟榔子的习俗，喜欢嚼食槟榔者应引以为戒。

药用价值

槟榔为我国重要的中药材，中医用作消积杀虫、降气、行水、截疟，又有其独特的御瘴功能。可治疗虫积，如绦虫、姜片虫、钩虫、蛔虫、蛲虫、鞭虫等肠寄生虫病。也可治食滞、脘腹胀痛、泻痢后重、水肿、脚气等症。《本草纲目》中记载，槟榔有"下水肿、通关节、健脾调中，治泻痢后重、心腹堵痛、大小便气秘、痰气喘急、疗诸疟、御瘴疠"。其果皮叫做"大腹皮"，能行气、利水、宽中、消肿。其花有止咳嗽、祛痰、化气、清热、暖胃等功效。鲜槟榔切片后蘸上作料细咀慢嚼有一种"饥能使人饱、饱可使人饥"的奇妙效果，空腹吃时则气盛如饱，饭后食之则易消化。枣槟榔有宽胸、止呕、消痰化咳、消食、醒酒的功效，用于胸膈痞闷、呕吐、痰多咳嗽等症。流行性感冒：槟榔、黄芩各10克，水煎服。

健康提示

适用于一般人群，脾虚便溏者慎用。气虚、孕妇忌食。过量嚼食槟榔会引起流涎、呕吐、昏睡及惊厥，内服引起不适者可用过锰酸钾洗胃，并注射阿托品。

选购宜忌

应以个大、体重、坚实、断面色鲜艳、无破裂者为佳。一般加工后保存。

16. 玫瑰茄

简介

玫瑰茄，别名：山茄、洛神葵等，国外俗称：罗塞耳、酸模、卡凯蒂等。花期8~9月，果期11~12月。原产于非洲的苏丹，广布于热带和亚热带地区，早在16世纪中期，国外已将玫瑰茄叶片、萼片用作调味品并入药。1940—1945年引进福建，我国台湾、广东、广

西、云南等地也有栽培。目前，生产上栽培同系一种。根据生长特性、收获期迟早，可分为早熟软枝型与晚熟硬枝型2个类型。喜温暖、畏寒冷、怕早霜。喜阳光充足，适宜在短日照条件下生长。喜温润，怕涝，忌积水。耐瘠瘦，对土壤要求不严，生长旺盛、病害少、产量高。盆栽每株结花萼达近百朵。

园艺应用

玫瑰茄叶茂花繁，花萼红艳美观，奇特别致，又生性强健，耐贫瘠土壤，是美化环境的优良观赏花果，适合宅园、庭院、"四旁"绿化美化栽培，盆栽置于阳台莳养观赏，更是别具风采；果枝优美，作为高级插花花材，独具特色，干果有清香气味，可泡茶。叶、花萼入药。花萼可提取天然食用色素，是果汁和果酱等食品理想的染色剂，广泛应用于食品、医药工业。茎叶纤维是纺织、绳索的原料，木质部分可造纸。种子榨油供工业

用和食用，其嫩叶、幼果腌渍后可食用。印度、埃及和非洲热带地区，常用玫瑰茄炮制果酒，配制果子汁、果酱制成布丁糕点、冰淇淋、奶油、果馅饼及其他面点。

食用功效

玫瑰茄花含飞燕草甙、苹果酸等，特别含芦丁、木槿酸等药用成分。味酸、性寒，具有降压、利尿、止咳、解毒、清凉降火、软化血管、促进胆汁分泌、抑菌、杀虫和抗痉挛等功效。花萼可提取天然食用色素，是药用、饮料和食品染色剂的原料，许多热带、亚热带国家用它制作可乐饮料、果汁、果酱、果冻、果酒等。未熟幼果可作醋的原料或用作蔬菜。国内外临床及民间应用表明，玫瑰茄无毒、无不适等副作用，并得到国家认定。我国规定，在饮料、糖果、配制酒等食品上使用玫瑰茄等天然色素剂不受限量。国内已研制出玫瑰茄冲剂、糖浆、保健饮品、降压片等。

药用价值

玫瑰茄味酸，性寒。入肺、肝、肾、脾经。具有降压、利尿、消炎、解毒等功效。用于高血压、动脉硬化、神经性疾病、小便不利、清热解暑、开胃生津等症。种子为缓下、利尿、强壮剂。玫瑰茄简易使用方法：将3~5朵干萼片（3~4克）置于茶杯中，加适量冰糖，倒入开水冲泡，加盖10分钟，作为茶饮，清凉解暑，开胃生津。据墨西哥研究人员发现，常饮玫瑰茄花茶，有降低血液中总胆固醇和甘油三酯、防治心血管病的作用。在埃及，花萼广泛用于治疗心脏和神经疾病；在印度，用花萼、种子、叶片作为利尿、抗坏血病等的药物；在塞内加尔，作为杀菌剂、驱虫剂和降血压剂等。可见，其花萼的经济价值极高。

健康提示

适用于一般人群，肠胃不好者慎用。

选购宜忌

选干萼片以肥厚、呈暗红色、新鲜、无虫害者为佳。置于阴凉干燥处储存。

17. 梅

简介

梅，别名：梅子、黄梅、千枝梅等。花于深冬或早春先叶开放，5~6月熟落，梅核表面有蜂窝状的小孔穴。原产于中国西南及长江中下游地区，已有3 500多年的栽培和应用历史。梅是我国特有的花果树，其分布非常广泛，约15个省、自治区都有保存完好的、处于自然状态的梅树群落。以西藏、云南、四川交界的横断山区为梅的自然分布中心与变异中心。主产于福建、四川、浙江、湖南及广东等地。中国梅分果梅和花梅两大类。梅果按皮色分

为青梅、白梅和花梅三大类，共计323个品种。性喜温暖湿润、阳光充足、排水良好、通风的环境，耐寒冷和干旱，怕涝，对土壤适应幅度较广，为阳性长寿树种，迄今还有唐梅、宋梅等珍稀古梅。

园艺应用

梅是中国特有的果、花木。尤梅花自古以来是高雅、纯洁、刚正的象征，也是中华民族坚韧不拔、不怕困难、不畏强暴、坚贞不屈的伟大精神的象征。具有古朴的树姿、素雅的花色、秀丽的花态、恬淡的清香和丰盛的果实，在园林各类景观中，无论是丛植、列植、孤植、林植于公园、宅园、庭院、"四旁"，还是作梅桩、盆栽，或切花瓶插，陈设几上，独具特色。梅树对氟化氢、二氧化硫等有害气体反应敏感，可作为环保监测树木。果可鲜食，经加工可制成各式蜜饯，成语"望梅止渴"中的"梅"，素有"天然健康食品"之称，深受大众的喜爱。在美国、日本及东南亚应用非常普及，被作为止渴剂、消食剂和防腐剂，并开发系列保健食品，如西梅干等。

食用功效

科学实验证实，梅子能增强白细胞的吞噬力，提高机体的免疫力，可辅助治癌和肿瘤病；可促进胃肠收缩和蠕动，消除炎症，促进胆汁分泌和排泄，为治疗胆道结石、胆道蛔虫症之良药。还可松弛括约肌和抗蛋白质过敏；对伤寒杆菌、百日咳杆菌、脑膜炎球菌、肺炎杆菌、结核杆菌等多种致病菌及皮肤真菌有抑制作用。现代医学研究表明，梅含有多种人体所需营养成分和有益物质，如蛋白质、脂肪、碳水化合物、多种无机盐及维生素、黄酮、碱性矿物质及柠檬酸、苹果酸、琥珀酸等成分，有"保健食品"的美誉。因此，食鲜梅对健康大有裨益，能解暑生津，消除疲劳，增强体力，养颜美容，防癌抗癌，益寿延年。

药用价值

清热解毒、疏肝理气：粳米100克，洗净煮成粥，后入梅花瓣10克，稍煮片刻，即可按个人口味调即可。梅果药用有乌梅、青梅之分。乌梅（经熏焙加工而成者），具有敛肺涩肠、除烦热、生津止渴、止血、杀蛔虫的功效。治久咳不止，久泻久痢，尿血、便血，崩漏，虚热烦渴，疮痈胬肉（胬肉：皮肤增生的恶肉）、蛔厥腹痛。青梅（未成熟果实）具有清热除烦、止渴、促进消化、驱虫止痢、祛腐生肌的功效。治咽喉肿痛、喉痹，津伤口渴，筋骨疼痛。梅花药名"白梅花"，有舒肝散郁、活血解毒、和胃化痰的功效。疗生津止渴，女性肝气病。梅叶可止痢，止血，解毒，治痢疾、崩漏、月经不止等症。梅根祛风活血，开胃健脾，消积，调和气血，治胃酸过多，下痢、瘰疬、胆囊炎、风痹、骨酸痛、肝肿大，除烦止咳。胃痛：乌梅2个，大枣3枚，杏仁7个，都捣成糊状，开水送下。

健康提示

适用于一般人，尤其适宜癌症肿瘤患者、胆道蛔虫症、便血、尿血、虚热消渴的人食用。忌多食、久食。有损齿、伤骨、蚀脾胃。正常经期、孕妇、产后、溃疡病、胃酸过多、细菌痢疾、肠炎初期及实邪者均忌食。梅干忌与鳗鱼、羊肚同食。梅核中含有生氰葡萄苷，误食会中毒。

选购宜忌

挑梅子应挑选果形整齐、颗粒大、果皮有茸毛、汁多、肉厚、核小、皮薄、质脆、酸味纯正者为佳。

18. 红毛丹

简介

　　红毛丹，别名：海南韶子、毛荔枝等，花期2~4月，果期6~8月。原产于马来群岛。东南亚各国，如泰国、斯里兰卡、马来西亚、印度尼西亚、新加坡、菲律宾多有栽培，是东南亚著名的热带水果之一，在泰国有"果王"之称。在中国，能适合种植的地区有台湾、海南、云南等，云南西双版纳有野生红毛丹。本属有38种，作为水果栽培的有3种。以果皮色泽分为红果、黄果和粉红果3个类型，以果肉与种子离核与否分离核和不离核2个类型。性喜高温多湿、阳光充足、静风和低海拔环境，耐热不耐寒。幼苗

期不耐旱，忌强光，需适当荫蔽。果实生育期需水。以在土层深厚、富含有机质、肥沃疏松、排水和通气良好的微酸性土壤中生长为佳。

园艺应用

红毛丹树形美、果奇异、色鲜艳，为园林和庭院良好的观赏树木。因其营养丰富，果肉白色，爽脆而柔软，味道酸甜可口，清香胜过荔枝，且除鲜食，还可加工为罐头、蜜饯、果酱、果冻和酿酒，很受消费者青睐。又果核含油脂近37%，适于制肥皂；根和树皮含单宁及皂甙，可作染料，被联合国粮农组织列为优产推广的"四大水果"之一。

食用功效

红毛丹果肉富含葡萄糖、蔗糖、维生素、氨基酸、碳水化合物和多种矿物质，尤其富含钙、磷与维生素C，常食用可润肤养颜、清热解毒、补充营养、增强免疫力，可改善低血压造成的头晕、四肢无力、面色苍白症状。女性常吃，有滋补功效，可调养气血、润泽肌肤、养护头发，是美容养颜的佳品。

药用价值

红毛丹性温，味甘酸，有生津益血、健脾止泻、温中理气、收敛止痢、行气止痛、消炎解毒及散寒的功效，用于治疗贫血、脾虚久泻、气虚胃寒、下痢、疝气痛、心腹冷。果壳洗净加水煎煮当茶饮，有消炎杀菌之效，可改善口腔炎及腹泻；树根熬煮当饮料，能降火解热；树皮水煮当茶饮，对舌头炎症具有显著的治疗功效。

健康提示

适宜一般人群。红毛丹属温性水果，多吃易"上火"，易引起腹痛、头晕发热、呕吐；有口干舌燥、扁桃腺发炎、脸长青春痘、高血压、牙周病、口臭浓烈、便秘、痔疮、热咳等不宜多吃。糖尿病、更年期综合征、红斑狼疮者及癌症患者勿食。忌与糖一起吃。秋季应节食；有杀精作用，男性不宜多吃。

选购宜忌

挑软刺细长新鲜、果体桃红色或金黄色外壳无黑斑、果粒大且匀称、皮薄、肉厚、核小、成熟度适中、肉核分离者为佳。要即买即食，不宜久藏。放在冰箱内可保鲜10天。

19. **神秘果**

简介

神秘果，别名：梦幻果、变味果、奇迹果等。全年可开花结果多次，盛花期4~6月，盛果期7~8月。在厦门地区栽培，一年有两次花果期。原产于西非加纳至刚果一带的热带丛林地区，印度尼西亚的丛林中也有发现。迄今全球热带、亚热带地区广为引种栽培。20世纪60年代周恩来总理访问西非，加纳共和国将神秘果作为国礼送给了周总理，周总理交给中科院热带作物研究所栽培繁殖。此后，神秘果开始在海南、广东、广西、福建、云南及台湾种植。性喜高温、高湿、半阴避风的生长环境，耐热，不耐寒。北方应于温室内栽培。田间种植要求土壤疏松肥沃，富含有机质，排水透气。萌芽力强，耐修剪。

园艺应用

神秘果四季常绿，树形优美，花、叶、果都具有较高的观赏价值。除盆栽在室内阳台作为珍奇观赏植物，还适合在公园、庭院、旅游区等孤植或丛植观赏，或作为绿化树种。果肉不甜，但有转换味觉的功能，除鲜食外，亦可制作饮料、果汁和糕点等食品。原产地居民常用它来调节食物味道，使隔餐面包变得味美可口，让发酵的棕榈酒和啤酒变得香醇可口。神秘果是一种很有开发前景的果树，非洲许多国家已大批种植。

食用功效

　　神秘果果肉含丰富的神秘果素，是一种奇特的糖蛋白，它本身并不甜，但能够催化柠檬酸、苹果酸转化为果糖，从而能改变人的味觉，产生增甜作用；能促人体摄取果中的微量元素及果酸，活化体细胞，具

有强身健体、美容、减肥的功效；神秘果系味觉魔术师，能把酸味变成甜味，因此，可制成酸性食品的助食剂，或制成可满足糖尿病患者甜味需求的变味剂，从而改善体质，增强免疫系统。所含维生素C、维生素K、柠檬酸、琥珀酸、草酸等，常生食熟果或浓缩锭剂，具有调整高血糖、高血压、高血脂的功效，对痛风、头痛等疾病有很好的治疗效果。又具有显著的瘦身美容、解酒和改善酒后头痛的功效。据报道，常食神秘果可改善胃酸过多、消化不良、胃口不佳等症状以及肝、胆、心脏的功能。

药用价值

　　神秘果性味甘甜，有养肝明目、润肺生津、降压减脂、醒酒的功效。用于视目不清、肠燥秘结、酒热烦渴及高血压、高血脂、头目眩晕、动脉硬化的辅助食疗。叶还可泡茶，若加入茶叶，口感更香醇，常饮对高血压、糖尿病、动脉硬化等疾病有一定疗效。种子含有天然固醇、微量矿物元素，可解心绞痛、口腔痛、痔疮等症。

健康提示

　　适用于一般人群。

选购宜忌

　　选成熟、鲜红色、果粒大且匀称、皮薄、肉厚、无斑痕者为佳。宜冷藏。

20. 榴莲

简介

榴莲，别名：韶子、流连、麝香猫果，中国台湾地区俗称"金枕头"。花期3~4月，果期8~10月。原产于印度尼西亚，以后传入菲律宾、斯里兰卡、泰国、越南和缅甸等国。我国海南、台湾和云南均有栽培。品种众多，如金枕、甲仑、青尼、长柄、甘邦等，尤以金枕头品质最好，最为名贵。泰国农业部的专家经过10年的研究，于2007年成功开发出没有特殊臭味的榴莲，并命名为"尖竹汶1号"。适生于典型的热带气候和温暖、阳光充足、多雨的环境，耐热，最畏寒霜，喜有机质多、疏松、深厚肥沃、保水良好的土壤。

园艺应用

榴莲枝叶茂密，树冠仿佛是一顶遮阳的巨伞，树下浓荫遍地，除多作果树栽培，也可用于专类园或公园、小区等绿化。果肉富含蛋白质和脂类，广东人称"一只榴莲三只鸡"，而泰国民谚："榴莲出，沙笼脱"，意思是姑娘们宁愿脱下裙子卖掉也要饱尝一顿榴莲。可见它不愧是"热带果王"、"滋补果王"。榴莲可生吃或做成榴莲酥（酥皮里裹一团榴莲炸）、榴莲薄饼等。

食用功效

榴莲含丰富的蛋白质和脂类，对机体有很好的补养作用，是良好的果品类营养来源。泰国人用榴莲煮汤，汤色乳白，又香又甜，用于病后、妇女产后补养身体。用榴莲与骨头煮汤，是民间传统食疗验方，可治疗各种寒病症，具活血散寒、加速血液循环、缓解女性经期疼痛症状、改善腹部寒凉、促进体温上升的作用，是寒性体质者的理想补品。榴莲有特殊的气味，这种气味有开胃、促进食欲之功效，其中的膳食纤维还能促进肠蠕动，能辅疗消化不良、便秘。种子富含蛋白质，炒熟或煮熟后去壳食，味道类似板栗，食能增加体力。

药用价值

榴莲性热味甘。具活血散瘀、健脾补气、补肾壮阳、活血散寒、温暖身体、疏风清热、缓解经痛、利胆退黄的作用。治疗中寒腹痛、妇女经寒腹痛、产后或病后身体虚损、精血亏虚、须发早白、早衰、风热症、黄疸、疥癣、皮肤瘙痒等症。补血益气、滋润养阴：榴莲肉50克，鸡1只，姜片10克，核桃仁、红枣50克。鸡肉洗净切块，核桃水泡，去油味，红枣去核，榴莲去嫩皮，共煲味浓，加食盐、味精调味即可。

健康提示

适用于一般人，尤其适宜体质虚寒，消化不良、便秘、病后、产后的人食用。榴莲的含热量、糖分及钾较高，肥胖人士、肾病及心脏病人应少吃；糖尿病患者、高胆固醇血症及皮肤病患者应忌食；喉痛、咳嗽、感冒、阴虚体质、气管敏感者均不宜多吃，否则易上火，致热痰内困、便秘、呼吸困难，面红，胃胀。出现上述症状时，可吃山竹化解，因它属至寒之物，可克制榴莲之热，或吃含高水分水果，如梨、西瓜等来平衡。忌与酒同食，对健康不利。

选购宜忌

挑外形多钉、果大端正、果皮深咖啡色、味道浓烈的产品，如摇晃或感觉有物便是上品。千万不要以为越重越好，其实比较轻的往往核小。购时要连带果柄，因切开后很快变坏，应放在阴凉处保存、成熟后的果实会裂开。当嗅到一股酒精味时，一定是变质，千万不要购买。

21. 蓝莓

简介

　　蓝莓，别名：越桔、蓝浆果。3~4月开花，果期6~8月。原产和主产于美国，又被称为美国蓝莓，是生长在亚寒地区高山针叶林下的野生果实。经30多年的选种育出100多个优良品种，形成了美国南部、东部、北部各州蓝莓产区。目前，蓝莓已成为美国主栽果树品种之一。继美国之后，世界各国竞相引种栽培，其中以欧洲、澳大利亚、南美洲、大洋洲、日本等国家和地区为主，已相继进入商业性栽培和生产阶段。中国除野生资源主产于大兴安岭和小兴安岭林区以外，自1983年开始从美国和日本引种栽培研究，已筛选出适合中国南方地区栽培的优良品种，迄今种植区域遍布多个省市，本属植物全球400余种，广泛分布于北半球，我国有91种，28个变种，分布于东北和西北地区。主要分布在黑龙江、内蒙古、新疆、吉林等地，当地人称"都柿"或"笃斯"。主要分为高灌蓝莓、半高灌蓝莓、矮灌蓝莓和兔眼蓝莓4种类型。其适应性强，喜酸性土壤，喜湿润气候；昼阳光充足、夜气候凉爽，利于提高果实产量和质量。

园艺应用

　　蓝莓的果实色泽美丽、悦目，蓝色被一层白色果粉；果肉细腻，种子极小，可食率达100%，甜酸适口，且具有香爽宜人的香气，为鲜食佳品，被誉为"黄金浆果之王"。是当今风靡世界的第三代水果之一，被国际粮农组织将其列为五大健康食品之一。蓝莓市场需求极大，有极高的经济价值及营养保健功能，是当今提升果品产业层次首选果品之一。此外，蓝莓果实是制造果汁饮料的上好原料，也可加工成果粉、果酱、果汁、果酒、罐头，还可做糕点、蜜饯、酸奶、果冻、冰淇淋、馅饼等，其口感清爽味美，很早的时候就博得欧洲人的喜爱。据报道，蓝莓制品在日本也进入一些上等餐厅。吉林省长白山山珍酒厂的蓝莓酒曾获得部级银奖。

食用功效

　　蓝莓果实富含水果中常见的多种营养成分，特别含有熊庶果甙、花青甙、儿茶酚、花青素、类黄酮、抗氧化剂和细菌生长抑制剂。营养学研究人员已发现，与其他40种水果和蔬菜相比，蓝莓的抗氧化能力名列第一，属高氨基酸、高锌、高铁、高铜、高维生素的果品。医学研究结果表明，蓝莓富含果胶，能有效降低胆固醇，防止动脉粥样硬化，促进心血管健康。蓝莓含的花青苷色素具有花青素，还可防治黑色素和色斑形成，有美白皮肤、减缓皮肤老化、活化视网膜的功效，可起到增强视力、消除眼睛疲劳、防止活氧自由基的效果，对由夜盲症、青光眼及糖尿病引起的视

网膜病变、白内障及过度用眼者均有改善效果。尤其蓝莓提取液对改进人的弱视有非常专一的功效。改善大脑记忆、益智、减少胆固醇积累、改善心血管机能，防止心脏病、尿路感染、增强胶原质、调节血糖功能预防中风，还可使末梢微血管血液循环通畅、预防和改善手脚冷冰；又富含维生素C、维生素E，可增强心脏功能、预防癌症和老年痴呆、延缓脑神经衰老、增进脑力，对由糖尿病引起的毛细血管病有治疗作用，还能增强对传染病的抵抗力。此外，其中含钾，还能帮助维持体内的液体平衡，保持血压及心脏功能。常饮蓝莓饮品，可帮助排便，刺激肠胃蠕动，有减脂瘦身的效果。

药用价值

　　蓝莓性味甘、凉，具补肾明目、补血益气、健脾润肺、增强心肺功能的功效。用于肺热咳嗽、烦躁消渴、食欲不振、视物不清、眼睛疲劳、肠燥秘结及高血压、心脏病、肿瘤患者辅助食疗，预防结肠癌可多食蓝莓或直接用蓝莓汁。药理实验证明，蓝莓叶有镇痛作用，用于风湿病和痛风。缓解眼睛疲劳，每天喝一杯蓝莓汁，效果佳。

健康提示

　　适用于一般人群。尤其适合用眼过度者、心脏功能不佳和心脏病患者食用。新鲜蓝莓有轻泻作用，腹泻患者勿食。

选购宜忌

　　挑新鲜和成熟的果实，结实饱满、颜色淡蓝到紫黑完整、附有均匀果粉、无破裂者为佳。不耐储存，购后即置冰箱保存，10日内食用完。

22. 人参果

简介

　　人参果，别名：茄瓜、香瓜茄等。花期春、夏两季，果期秋、冬两季。原产于南美洲安第斯山，我国于20世纪80年代引进栽培。性喜温暖湿润及光照充足的环境，较耐热，不耐寒。对土壤要求不高，以肥沃、疏松及排水良好的土壤为佳，生长快，易管理，萌发力强，抗病力强，四季开花结果。种植一年可以连续结果实8年，是一种生命较长的植物。

园艺应用

　　人参果多作为果蔬栽培，或观叶、观果盆栽装饰于室内的阳台、窗台、庭院等处观赏，还可制作盆景供应市场，种植一年可连续结果8年，具有很高的庭院开发价值。成熟的果实鲜艳美丽、淡雅清香、果肉淡黄、爽口多汁、风味独特、营养极佳，除作为水果食用，又可作为蔬菜烹调，可炒、凉拌、煮汤、炸、蒸、炖，成为餐桌上的美味佳肴；还可加工制成果脯、果汁、饮料、口服液、果酱、果酒、蜜饯、罐头等产品，常食用确有类似人参延年益寿的功效，很受消费者青睐。

食用功效

　　人参果具有高蛋白、低糖、低脂，还富含多种维生素、氨基酸及人体所需的微量元素，其营养成分较为全面，是人体营养的调节剂；尤其含高硒、高钙，在中国果蔬中极为少见，为群果之冠，是人们补硒、补钙的纯天然绿色保健佳果。可预防视力下降和诸多眼疾如白内障、夜盲症的发生，又可维持成年人的健康及血钙平衡，且对儿童的成长和老年人的抗衰老均有较好的保健作用；还能增加人体细胞数量，增强免疫力，激活人体细胞、消除体内自由基，抑制恶性肿瘤细胞的裂变，对防癌、抗癌、抗衰老及防骨质疏松、老年性痴呆、动脉硬化很有效；所含钴元素，具有防治冠心病、心脏病、高血压的作用。人参果属低脂、低糖果品，对糖尿病患者大有裨益；长期食用还对多种疑难病症有良好的防治效果，还是解暑清热良品，可调节生理的作用，增强体力，又有美白养颜护肤作用。因而，曾被医学界称之为"生命之火"、"抗癌之王"、"补钙之星"。

药用价值

据《陕西中草药志》记载：人参果味甘、性温。有强心补肾、生津止渴、补脾健胃、调经活血及安神的功效，用于体虚欲脱、肢冷脉微、虚喘食少、虚喘咳嗽、神经衰弱、失眠头昏、烦躁口渴、不思饮食、胃肠溃疡等症。对肝炎、肝病等肝病毒有抑制作用；还可用于冠心病、更年期综合征、隐性糖尿病、贫血、肿瘤等病症的治疗。有关资料介绍，人参果的嫩叶可制成茶叶，对糖尿病有显著的辅助疗效。清热解毒、利水降压：将熟果洗净切片入盘后，加适量精盐腌渍片刻，倒去渗出的水分，再加适量蒜泥、味精、米醋和芝麻油，拌匀食用。

健康提示

适用于一般人群。尤以高血压、糖尿病患者适宜鲜食。糖尿病人不宜多吃甜味人参果，而应常食低糖人参果。

选购宜忌

选成熟的人参果，形似心脏、果皮金黄色、纵向有紫色条纹、外表鲜艳美丽、果肉爽甜多汁、清香者为佳。

23. 山竹

简介

山竹原名莽吉柿，别名：果后、山竹子等。在我国海南花期2~3月，果期6~9月；在东南亚地区有一年结果两次的。原产于马来群岛，在马来西亚、泰国、印度尼西亚、菲律宾、缅甸栽培较多，生长于丘陵地带或山坡、山谷的密林和疏林中，同属植物约有150种。山竹种类不多，常见的多为泰国山竹。1919年引入我国台湾，20世纪30~60年代先后引入海南，在海南南部生长和开花，结果正常。山竹性喜高温高湿及阳光充足的环境，对环境要求非常严格，喜疏松、排水良好、有机质丰富的微酸性土壤。易受风、干旱为害。病虫害较少，一般种植10年才开始结果，寿命长达约70年。

园艺应用

山竹果肉雪白嫩软，味清甜甘香，滑润而不腻滞，就像大蒜一样一瓣瓣的，约6瓣，抱作一团。为热带果树中的珍品，味道酸甜适中，被誉为世界三大美味水果之一，有"果后"之称，有的地区称之为"上帝之果"。数百年来，一直是治疗痢疾、扭伤、伤寒、皮肤感染、消炎和杀菌的民间传统用药，被马来西亚定为民族药。山竹果皮或外皮都有助于增进免疫系统健康，令人身心舒畅，故深受人们的推崇。

食用功效

医学研究表明，山竹含有一种特殊物质，具有降燥、清凉、解热的作用。这使山竹能克榴莲之燥热。在泰国，人们将榴莲、山竹视为"夫妻果"，如果吃了过多榴莲上了火，吃上几个山竹就能缓解。其富含的蛋白质和脂类能有效提高人体免疫力，强身健体，对体弱、营养不良、病后患者都有很好的调养作用；果肉含有较多的膳食纤维、糖类及矿物质元素，不仅有减肥润肤的作用，还有助于润肠通便，排出毒素；另含有丰富的镁元素，既改善心血管病症，防止肾、胆结石，又能协助抵抗抑郁症，避免烦躁不安；此外，富含的维生素C与维生素E，能消除自由基，延缓衰老，对女性有调理内分泌、消除色斑的功效。专家发现，山竹的果皮和外皮都含有丰富的超强抗氧化物——仙桐，有助于增进免疫系统健康，且仙桐中有3种特殊物质，更具有消炎、杀菌、抗阿米巴痢疾和抗溃疡等的药理活性。

药用价值

山竹甘，性寒。具有润燥降火、清凉解热、健运脾气、减肥润肤、美白、收敛止泻、活血补血的功效。用于去脂肪、缓解皮肤干燥、降燥火、脾胃湿困、胃热津伤、口渴呕吐、口舌生疮、肺热咳嗽、食欲不振、食后痞满、腹部隐痛、痢疾、腹泻、胃肠溃疡。《食物本草》谓其"清热；凉大肠，去积血，利耳目，治咳逆上气。"树皮与树叶有收敛、解热的功效。治腹泻、痢疾、慢性胃肠炎、大肠炎、咳嗽咽喉疼痛。叶包热沙外敷扭伤。果皮功效同果肉，可治慢性胃肠病。益智醒脑、改善健忘。青春痘、美颜美肤：山竹450克（去壳）、猪的小腿瘦肉300克、金银花15克、菊花、金钱草各10克、蜜枣8粒。金银花、菊花、金钱草洗净装袋，与猪的小腿瘦肉、山竹、蜜枣一起加12碗水，煮3小时，即成山竹汤。

健康提示

适宜一般人，尤其适合体弱、病后的人食用。肾病、心脏病、糖尿病患者应慎食，湿热腹痛腹泻者忌食。山竹不宜和西瓜、豆浆、啤酒、白菜、芥菜、苦瓜、冬瓜、荷叶汤等寒凉食物同吃，若不慎食用过量，可用红糖煮姜茶解之。

选购宜忌

选果实成熟、果蒂鲜绿、果皮暗紫红色、果软的新鲜果，否则易买到"死竹"，可用手指轻压表壳，如果表皮很硬，手指用力仍无法使表皮凹陷，表示此山竹太老，不适宜吃了；表壳软、有弹性则仍然新鲜可食，也可看果实下面蒂瓣，6瓣果实甘甜不酸，核小，为佳品。置冰箱可保存2周。不宜久储。

24. 圣女果

简介

　　圣女果，别名：珍珠小番茄、樱桃小番茄、迷你番茄，国外称之小金果、爱情之果。花果期夏秋季。原产于南美洲秘鲁、厄瓜多尔、玻利维亚等地，还有大量的野生种分布。圣女果是现在栽培番茄的祖先，是普通番茄的一个变种。中国海南、山东、新疆及各地广泛栽培，并进行系列研究。北京蔬菜研究中心培育出京丹1号、京丹2号两个樱桃番茄品种，从产量、品质及高抗病性等方面均已达到或超过国外同类品种。其品种较少，分为有限生长型和无限生长型两大类。果实一般为鲜红色，也有黄色、橙黄、翡翠绿等品种。性喜温暖、湿润及阳光充足的环境。耐热、耐湿，较耐旱。喜土层深厚、有机质丰富、结构好、疏松透气的壤土或沙壤土为宜。根系发达，再生能力强，植株生长强健、迅速，茎蔓有自封顶优势，果实成熟期早，采摘期长。

园艺应用

　　圣女果色泽艳丽，形态优美，且味道适口，营养丰富。既是蔬菜又是水果，适宜庭院、室内栽培观赏，也可植于瓜果专类园栽培。它既可生食也可熟食，更适宜生食，还适宜加工和冷藏为罐头番茄。又可作为装饰蔬菜，成为宾馆宴会桌上的佳肴，被联合国粮农组织列为优先推广的"四大水果"之一。常吃能起到良好的保健作用。特别是营养价值和所含维生素都高于番茄，所以深受人们的欢迎，特别深受女性的欢迎。

食用功效

　　营养成分分析表明：除了含有番茄所有营养成分之外，其维生素含量比普通番茄高，其中维生素A、维生素P的含量居果蔬之首，维生素C含量

为番茄的1.7倍，可以清除自由基，具有很强的抗氧化能力，从而能保护细胞的脱氧核糖核酸，避免基因突变；又可保护皮肤，维护胃液正常分泌，促进红细胞的生成，对肝病有辅助治疗作用，还可以美容、防晒。果中还含谷胱甘肽和番茄红素等特殊物质，可促进人体的生长发育，特别可促进小儿的生长发育，增加人体抵抗力，延缓人的衰老。另外，番茄红素可以保护人体不受香烟和汽车废气中致癌毒素的侵害，提高人体的防晒能力，又含苹果酸和柠檬酸，有助于胃液对脂肪及蛋白质的消化。中国保健协会营养安全专业委员会孙树侠会长提醒电脑族朋友，时常吃点圣女果，能够缓解眼睛干涩。

药用价值

圣女果性微寒，味甘、酸。具健脾开胃、除烦润燥、凉血平肝、清热解毒、生津止渴、健胃消食、降压减脂、养颜护肤之功效。用于胃热口苦、发热烦渴、中暑消渴、消食不化、高血压、心脏病、肾炎、肝炎、高血脂、肥胖症、前列腺肥大、小便不利、眼疾干涩、牙龈炎、牙周病等症。其藤解毒消肿，治甲状腺肿大、坏血病、白喉、牙龈皮下出血、肺结核等症。叶疗头痛、下痢、肿毒。

健康提示

适用于一般人群。频发肠炎、菌痢及溃疡活动的病人不宜食用。且不应空腹食，否则易导致胃酸分泌过多。治疗便秘：每天早晨起床后空腹吃一两个圣女果拌蜂蜜。

选购宜忌

以果形丰满、形圆、大小均匀、色亮丽鲜红、皮薄、肉厚汁多、不裂、成熟度酸甜适中者为佳。圣女果存放时间过长，营养成分会流失，应趁新鲜时吃。

25. 蛋黄果

简介

　　蛋黄果，别名：狮头果、蛋果、桃榄、仙桃。4~5月开花，果实12月成熟，采后需经后熟3~7天才可食用。原产于古巴和南美洲热带，主要分布于中南美洲、印度东北部、缅甸北部、越南、柬埔寨、泰国、中国南部。海南、广东、广西、云南、福建南部有种植。常见有3种果实类型：桃果形、纺锤形及圆果形。性喜温暖多湿气候，颇能耐旱，对土壤适应性强，以在沙壤土生长最好。

园艺应用

　　蛋黄果为热带名贵水果，树姿美丽，适合孤植于庭院，或群植于公园绿地观赏；还适合盆栽，制盆景用于观赏，绿化与美化环境。果实外观美，果肉橙黄色，酸甜可口，可鲜食，还可制果酱、冰奶油、饮料或果酒，为国内外消费者所喜爱。该水果目前市场价格不菲，是一种极富市场前景的果树种植品种，同时也是解决农村水果种植业品种老化、市场价格低迷、促进农村农民增收的一条有效途径。

食用功效

　　蛋黄果营养丰富，含糖、淀粉、粗脂肪，此外富含钙、磷、铁、类胡萝卜素等营养物质及人体必需的多种氨基酸，常食可提高人体免疫力，强身健体，调节生理机质。富含的维生素C有抗衰老、抗癌及益肤美容的作用，是防止坏血酸病、降低血脂的天然佳果。

药用价值

　　蛋黄果味甘、性平、无毒、入肺经。具有润肺止咳化痰、补肾、提神醒脑、活血强身、镇静止痛、减压降脂、助消化及美容等功效。用于滋补健身，美容养颜，消除疲劳，解暑开胃，口干舌燥、流汗多，清风除热、助消化、化痰及疗胃肠道炎等症。

健康提示

　　适用于一般人群。

选购宜忌

　　以果实大、饱满、果皮橙黄、果肉柔软、富香气者为佳。

26. 水蜜桃

简介

水蜜桃，别名：桃子、桃实。原产于我国陕西、甘肃一带。目前分布很广，主要产区有：河北、山东、北京、陕西、山西、河南、甘肃、浙江等省市，其中江南水乡的太湖阳山一带为著名产地。其种类较多，如大白凤、小白凤、湖景等。按成熟期分早桃和晚桃。早桃于5~6月份成熟，晚桃7~8月份成熟。性喜温暖、湿润气候，喜光，

耐旱、耐寒力强。忌渍涝，不耐碱，喜肥沃、排水良好、土层深厚的沙质微酸性土壤。

园艺应用

水蜜桃是福寿祥瑞的象征，在民间素有"寿桃"和"仙桃"的美称。在果品资源中，它以果形美观、浆汁丰富，被称为"天下第一果"，且在我国桃中被视为珍品，其皮薄汁多，宜于生食，入口滑润不留渣，尤对老年人和牙齿不好的人，是难得的夏令精品，深受消费者青睐。它又是大江南北园林中广植的花木之一，适宜于宅园、庭院、溪畔或成片栽植于风景旅游区、森林公园栽植观赏，还可盆栽及制盆景观赏，又可做切花、插花之用。

食用功效

水蜜桃果肉中富含蛋白质、糖类等物质，能及时补充人体所需的各种能量，且无副作用，是人们养生的佳果。含大量果胶、有机酸，可改善肠胃的消化功能，增进食欲，并有助于及时排出体内废物，预防便秘。且含铁量较高，为苹果的4~6倍，可促进体内血红蛋白的再生，可预防缺铁性贫血，是理想的辅助食物，能"益颜色"。另外，含钾丰富，含钠极少，是适合水肿患者的食疗果品之一。又含有充足的水分和碳水化合物，可滋润深层的皮肤组织，使肌肤光泽富有弹性，具有护肤、收敛、防止小细纹的功效。

药用价值

水蜜桃性平，味甘酸，具有生津止渴、补脾润肺、醒酒提神等功效，用于大病后气血亏虚、面黄肌瘦、心悸气短者。桃仁有活血化瘀、平喘止咳、润肠通便的功效，用于由血管栓引起的半身不遂、经闭不通、痛经、跌打损伤、血压高等症，中医验方的五仁汤（桃仁、火麻仁、郁李仁、柏子仁和杏仁）能润肠通便、活血。桃仁醇提取物有抗凝血的作用；其中的苦杏仁甙、苦杏仁酶能抑制咳嗽中枢而止咳，同时能使血压下降。桃花能活血化瘀、利水通便，治急性黄疸型传染性肝炎、浮肿、腹水、小便不利；外敷疗疮疡溃烂。桃树流出的树胶是一味糖尿病妙药，既能强壮滋补，又可调节血糖水平。

健康提示

适用于一般人群。腹泻病人、胃肠功能不好者及老人、小孩不宜多食，多食令人内热过盛，且富营养、食多量会导致胃胀胸闷。糖含量高，糖尿病人慎食。忌与鳖肉同食。桃仁能活血，行经过量或行经期间不宜食用。

选购宜忌

以果体大、果形端正、外皮无伤、无虫蛀、果色红润鲜亮、果实饱满有弹性、成熟度及糖度高、香气浓香者为佳。手感过硬尚未熟，过软的为过熟桃，肉质下陷已变质腐烂。食前先浸泡于盐水中，冲净后再进食。不耐久藏，尤不能碰撞，置室内阴凉处即可，或冷藏纸包装放置冰箱。

27. 草莓

简介

　　草莓，又名洋莓、红莓等。花期11月下旬至12月下旬，果期1月中旬至5月中旬。本属有46个种，原产于南美洲、欧洲等地。中国是草莓的起源地之一，是世界上草莓野生资源最丰富的国家。全球品种多达2 000余个，主要有野草莓、麝香草莓和凤梨草莓3种。中国有大鸡心、小鸡心、紫晶等20多个品种，近年从国外引进了辛香、章姬、女峰、益香、达娜等新品种。现在市场所售的凤梨草莓，又名"洋莓、红莓"，在欧洲素有"水果公主"的美称，是低糖低热量的水果，是世界"七大水果之一"。性喜温凉、湿润、光照充足的环境，较耐低温，不耐旱，厌炎热，不耐涝。喜富含有机质、通透性好的微酸性沙壤土。具有繁殖快、生长周期短，适应性强的特点。

园艺应用

　　草莓花、果色彩艳丽，又芳香宜人，是水果中难得的色、香、味俱佳者，有"果中皇后"之美称，中国台湾人称之为"活的维生素丸"、德国人则呼之"神奇之果"。可盆栽观赏，适合于阳台、窗台摆放，又是庭院和园林的奇妙花草，可植于庭院墙边、园林道路旁欣赏。中国广东岭南一带，民间将草莓视为吉祥物，在祝贺老人寿辰时，必须备上一筐鲜红的草莓，以此祝愿老人"洪福齐天寿比南山"。草莓除生食，还可制成各种果酱、果冻、果脯、果汁、酿酒等，都十分美味，易被人体消化、吸收，多吃也不会受凉或上火，是老少皆宜的健康水果，深受人们青睐。

食用功效

　　现代营养分析表明，草莓中所含的胡萝卜素，具有明目养肝的作用；富含维生素C，可增强人体的抵抗力，除预防坏血病外，对防治动脉硬化、冠心病也有较好的功效，又含果胶及纤维素，可促进胃肠蠕动，改善便秘，预防痔疮、肠癌的发生；含有的多酚、胺类物质，对白血病、再生障碍性贫血有一定疗效；另外，草莓是鞣酸含量丰富的植物，具有防癌作用；意大利的医学家指出：新鲜草莓里含有一种叫波里芬诺的化学物质，它可以阻止癌细胞的形成。草莓还含天冬氨酸，可以自然平和地清除体内重金属。女性常吃草莓，可达到自然减肥减脂的效果；还可防治皮肤黑色素的沉着、痣及雀斑，对皮肤、头发均有保健作用；还能改善忧郁、失眠、易打瞌睡等神经症状，帮助人振奋精神，驱赶疲倦；又能有效预防牙龈出血和牙周脓肿，促进伤口愈合，并使皮肤细胞具有弹性。而草莓中的花青素具有抗氧化和消炎功能，常食利于患关节炎者。鼻咽癌、扁桃体癌、喉癌、肺癌患者在放疗期间食用，对缓解放疗反应、减轻病症、帮助康复也有益处。近年医学研究发现，草莓含有"草莓胺"和"鞣花酸"，对癌症具有预防和治疗作用。有抑制恶性肿瘤发生、发展的作用。美国某科学家称，草莓和黑莓（覆盆子）是癌细胞的强有力的抑制剂。

药用价值

食欲不振：新鲜草莓250克，洗净榨汁，早晚各服一半，连饮数日。中医认为，草莓性味甘、凉，有润肺生津、健脾和胃、利尿消肿、润肠通便、解热祛暑之功效，适用于肺热咳嗽、食欲不振、小便短少、暑热烦渴、再生障碍性贫血、高血压、咽喉肿痛、口舌生疮及各种癌症等。对于治疗肠胃病和贫血病的效果尤佳，是老幼皆宜的夏令佳品，食之可养五

脏、助长滋补，能有效地预防感冒。肠胃病人可调节紊乱的消化功能。伏天享用，能生津解渴、清热解暑。干咳日久不愈：新鲜草莓100克，川贝9克，冰糖50克。隔水炖烂，每日分次服完，连食3日。

健康提示

适用于一般人群及便秘、癌症、高血压、烦热、口干、风热咳嗽、腹泻如水、咽喉肿痛者食用。痰湿内盛、肠滑便泻、尿路结石病人不宜多食。脾胃虚寒、大便溏薄及肺寒咳嗽的患者不宜食用，不宜与红薯、海味同食。

选购宜忌

挑选以色泽鲜亮、有光泽、果蒂青绿、颗粒大、结实、手感较硬、清香浓郁、无破损者为佳。不耐储存，宜现买现吃。不买畸形、色泽不均或红黄不均、口感无味的草莓。食用前必须洗净、消毒，用淡盐水浸泡10分钟，再用凉开水浸泡1~2分钟后即可食用。

28. 樱桃

简介

　　樱桃，别名：莺桃、樱珠、荆桃等。花期3~4月，果期5~6月。众多国家和地区均有栽培。我国是樱桃的原产地之一，主要栽培有4种，即中国樱桃、甜樱桃、酸樱桃和毛樱桃。其中以中国樱桃和甜樱桃为主要栽培对象。生于山坡阳处或沟边，常栽培于海拔300~600米处。中国食用樱桃历史悠久，是春天早上市水果之一。中国主要栽培区为辽南、胶东和秦皇岛。樱桃性喜冷凉干燥气候，喜光性较强，不耐瘠薄，怕干旱，不抗涝，忌大风。甜樱桃自花结实力很低，植后4~5年开始结果，8~10年进入盛果期，可延续15~20年。民间有句俗语，"樱桃好吃树难栽"。掌握其习性，方能事半功倍。

园艺应用

　　樱桃花色洁白，果实艳丽，红似玛瑙，大如弹丸，小似珠玑，水汪汪，亮晶晶，玲珑剔透，味美形娇，颇具魅力，观赏性极佳。适合庭院、公园路边、绿地的水岸边、建筑物墙垣一隅或山石边栽培观赏，也可盆栽于阳台阶前绿化。果成熟可鲜食，也可用于酿酒、制果汁、果酱、果脯，又可腌制或作为菜肴食品的点缀。且医疗保健价值颇高，颇受消费者喜爱。

食用功效

　　樱桃果实营养丰富，据测定，含铁量居水果之首，超过柑橘、梨和苹果的20倍以上。常食可补充体内对铁元素的需求，促进血红蛋白再生，既可防止缺铁性贫血，又可增强体质，健脑益智；樱桃汁涂擦面部及皱纹处，能使面部皮肤红润嫩白、去皱消斑。樱桃还能降低血尿酸并预防痛风发作，缓解由于关节炎引起的不适，每天食20粒带酸味的樱桃，可适当抑制由于痛风引起的疼痛，并使炎症消退。对高尿酸血症有辅助治疗作用。新鲜樱桃富含维生素A，有助细胞生长，增加人体骨骼的强度。医学专家指出，电脑工作者都对维生素A需要比一般人要高很多，若不及时补充，易导致眼痛、视力下降、怕光等症状，而樱桃却能缓解电脑工作者的不适症状，能辅助防治夜盲症和视力减退；又富含膳食纤维，能促进胃肠蠕动；而含的胡萝卜素、铁、钙、磷及丰富的维生素C和鞣花酸，具有很好的美容和营养保健功效，其中钾还可稳定心律。研究发现，樱桃有透发麻疹的作用，麻疹流行时，给小儿饮用樱桃汁，能预防感染。此外，樱桃可疗烧烫伤，能收敛止痛，防止伤处起泡化脓，还能治疗轻、重度冻伤。

药用价值

鲜樱桃250克，榨汁，饮服一半，另一半睡前涂在脸上，经常使用，能美容养颜。中医认为，樱桃性温、味甘、微酸，具益脾胃、滋肝肾、调气血、涩精、止泻、祛风湿、润皮肤、透疹软坚等功效，外用于汗斑、冻疮、烧伤等。《食疗本草》指出"补中益气，主水谷痢，止泄精。"《滇南本草》言其"浸酒服之治左瘫右痪，四肢不仁，风湿腰腿疼痛。"樱桃核性温，有发汗透疹、消瘤祛瘢、行气止痛、杀虫解毒的功效。治胃寒食积、腹泻、咳嗽、吐血、阴道滴虫病、疮疡瘫肿、蛇虫咬伤等。樱桃花养颜祛斑，治面部粉刺。樱桃树根可驱杀蛔虫、蛲虫、绦虫等，治肝火旺、妇女气血不和、经闭、手心潮热、劳倦内伤。鲜樱桃350克，洗净，白酒2瓶，将樱桃加入白酒浸泡5天，每次服用半杯，治风湿腰痛、手脚无力、强筋骨。

健康提示

适用于消化不良、瘫痪、风湿腰腿疼、缺铁性贫血、癌症患者、体质虚弱、面色无华者食用。有溃疡症状、易上火者慎食；是易产生过敏的水果，对花粉过敏的要留意；糖尿病、热性病及虚热咳嗽者忌食；忌与生葱同食；樱桃核仁含氰甙，水解后产生氢氰酸，药用时应小心中毒。一旦多食发生不适，可饮用甘蔗汁清热解毒。

选购宜忌

选购时挑连有果蒂、色鲜光泽、有弹性、饱满、个大核细、肉厚无外伤的。宜冷藏保存，易损坏，要轻拿轻放，食前用盐水浸泡10分钟，轻搓冲洗干净再食。

29. 紫果西番莲

简介

紫果西番莲又称百香果、鸡蛋果等。花期2~5月，果期6~8月。原产于巴西，20世纪初，它是流行的止痛药和镇静剂，一直被使用，在英国比任何草本镇静剂都常用；而在德国，亦是官方认可的镇静剂。现广布于热带、亚热带地区，我国华南、华东及西南有栽培。台湾、福建、广东、广西和云南有一定生产栽培。该属有400多种，主要为观赏用，供果树栽培利用的，唯有大果西番莲、樟叶百番莲、甜果西番莲、香蕉西番莲、紫果西番莲及黄果西番莲，后两种为生产性栽培。性喜温暖、湿润及阳光充足的环境，耐热、耐瘠、不耐寒。喜疏松、肥沃及排水良好的土壤。

园艺应用

紫果西番莲花大而艳丽，花形奇特，像一轮五彩飞轮，令人赞叹不绝，很适合作为棚架、花篱、庭院理想的垂直绿化观赏植物。果瓤柔软多汁，据测定，果实含有很多种的芳香物质，是世界上已知最芳香的水果之一。紫果西番莲提取的香精是饮料、糕点、果酒的良好添加剂。可作为一种纯天然"绿色"的果汁，其有良好的保健效果，老少皆宜。

食用功效

西番莲香气浓郁，具有特殊的芳香味，可使人心情舒畅，提神醒脑，从而起到心理治疗的作用。食用后可增进食欲，促进消化腺分泌，有助消化；又可增加饱腹感，减少热量的摄入；还可吸附胆固醇和胆汁之类的有机分子，抑制人体对脂肪的吸收；常食利于改善人体营养吸收结构，降低体内脂肪含量，营造健康优美的体态。果实中含多种维生素，能降低血脂、防止动脉硬化、降低血压。据科学估测，果实中含有多种氨基酸和抗癌的有效成分，能防治细胞老化、癌变，有抗衰老、美容养颜的功效。许多国家把西番莲果汁作为登山运动员、海员等特殊人群的绿色保健饮料。特别是对老年人积食不消和糖尿病患者有较好疗效。此外，富含有机酸和氨基酸，既可消除疲劳、促进食欲，还可预防皮肤干燥。

药用价值

西番莲味甘、微酸，性平、微凉。具开胃整肠、止痛、安神、清热润燥、止咳化痰、生津解渴的功效。主治咳嗽、咽痛、嘶哑、便秘、痢疾、失眠、经痛。全株具清热润燥、清肝潜解毒、利尿消肿、消炎、祛痰的功效。主治肺热咳嗽，声哑、咽痛、热咳、高血压、小便白浊、淋巴结核、结膜炎、阴道炎、骨膜炎、关节炎、瘫疮。叶疗风热头痛。根治骨膜炎、关节炎。肺热咳嗽：百香果15克，百合24克，枇杷叶（去毛）12克，饴糖适量。水煎2次，去渣，加饴糖溶化，分2次服。失眠：鲜百香果2个，仙鹤草30克。洗净，水煎服。

健康提示

适宜一般人群。胃寒者勿多食，勿与人参合用，不宜久服。

选购宜忌

挑果体大、完整饱满丰圆、果皮颜色深呈紫色、光滑，或稍微褶缩、重量较重、香味浓者为佳。其是较耐储存，只要置于常温的室内保存即可。

30. 台湾青枣

简介

　　青枣学名毛叶枣，别名：印度枣、缅枣等。花期8~9月，果期11月至翌年3月。原产于印度、斯里兰卡一带，与中国枣同属不同种。我国内地栽培的毛叶枣品种较多，有从中国台湾、泰国、印度等引进的。台湾青枣是野生毛叶枣经数代选育、驯化而培育成的，已育出众多的新品种，诸如"五千"、"高朗1号"、"黄冠"、"福枣"等具有广阔发展前景的新兴的热带、亚热带珍稀果树品种。在我国台湾、福建、广东、广西、海南等省区均可种植，具有速生快长、投产早、产量高、产值稳定、果大、口感好、营养丰富的特点，且有良好的生态保护功能，被第23届国际园艺学会定为急需开放利用的一种果树种类。性喜高温、湿润气候，喜光照充足，系典型的阳性热带果树，耐旱、耐热、耐贫瘠，对土壤要求不严，适应性强、病虫害少、耐移栽、耐修剪、萌发旺盛，连年丰产，几乎没有大小年。

园艺应用

　　台湾青枣树型优美、枝条柔软、叶色青翠、花果累累，既适于庭院、公园及社区等栽培，又可制作盆景，有很高的观赏价值。因其自身的优点，又是南方地区和西南部干热地区绿化荒山、保持水土、改良生态环境的优良树种。台湾青枣成熟期极晚，为少有的冬熟果品，收获期长达3~4个月，是优良的淡季补缺果品。引入北方，可填补市场空白，丰富冬季果品供应。果实除鲜食外，还可加工罐头、果脯、果酱、果冻、果酒、蜜饯、醉枣、果汁饮料等。

食用功效

台湾青枣果大，肉厚核细，质脆嫩、多汁，甜度高，口感佳，风味独特，可食率95％左右，食用无涩味、无渣，且果形优美，具苹果、梨、枣的风味。鲜果肉富含碳水化合物、粗蛋白、维生素C、维生素A、维生素B_1、维生素B_2、维生素K等，此外，还含有磷、钙、铁、钾、锌等微量元素，果实鲜食，具有净化血液、帮助消化、养颜美容等保健作用。

药用价值

台湾青枣不寒不热，具有清凉、解毒、镇静等功效，尤其适合小孩、老人食用，因而有"热带小苹果"、"维生素丸"之美称。它的根及果仁可入药，具有清凉功效，可治虚烦不眠、精神疲乏、健忘等症。

健康提示

适用于一般人群。炎热咳嗽忌食；脘腹胀满，饮食积滞者慎用；空腹不宜多食。

选购宜忌

以果实大粒圆整、果色淡绿或黄绿、果面有光泽者为佳。黄色表示过熟，肉质松软，风味差；青绿色表示未熟，肉质硬而涩味强，不堪入口。

31. 海枣

简介

　　海枣，别名：波斯枣、椰枣、伊拉克蜜枣等。花期5~7月，果期8~9月。原产于中东及北非，是此地域沙漠绿洲中常见的绿色特种乔木。中国古代本草书籍也早就有对它的记载。海枣主要分布于北非、埃及、叙利亚、伊拉克、伊朗等地，以伊拉克椰枣举世闻名。海枣被列为世界20种产

量最高的水果品种之一，其品种较多，通常分为软、硬枣椰子2种类型。我国台湾、福建、广东、广西、云南等省区有引种栽培。厦门植物园从国外引种近40年，该园棕榈岛景观成为迷人秀丽之处。海枣性喜高温低湿、强光的环境，生性强健，耐热、耐旱、耐湿，极为抗风、耐盐碱、耐贫瘠，抗污

染，对土壤要求不严，但以肥沃、富含腐殖质、排水良好的壤土最佳。萌蘖力强，易移植，抗污染，寿命长，可达150多年。

园艺应用

　　海枣在许多非洲国家中是"绿色金子"，都被看作是民族尊严的象征。沙特阿拉伯王国的国徽就是由挺拔的海枣树和两把利剑组成的，代表光荣和正义。海枣富有热带风韵，其树单干直立、粗犷健美，球形树冠，叶翠绿光泽，金黄色的果穗、菱形叶痕、粗壮茎干及长长的羽状叶极具观赏价值，适于海滨造园、公园、校园、风景区造景、行道、廊宇等绿

化，无论单植、列植或群植，美化效果极佳，厦门、上海、重庆、长沙等地，常用其营造热带风景，风景秀丽壮观；抗风力极强，为优秀的海滨植物，一些干热少雨地区可考虑引入良种试种。也可盆栽作室内装饰，还能抗一定程度的污染，可净化空气。海枣除鲜食，还可加工蜜枣（如伊拉克蜜枣）、点心、果脯；种子炒焙后磨粉可代替咖啡粉；小叶可加工高级牙签；树干纤维可加工绳、纸张、纺织品等。海枣晒干后耐储藏，可供长期食用，具有很高的开发利用价值。

食用功效

海枣是阿拉伯民族早期赖以生存的最原始的食品，果肉味甜，含糖50%，既可作粮食和果品，又是制糖、酿酒的原料，被称为"沙漠面包"。同时，其营养丰富，含极高的蛋白质及多种维生素和矿物质，极易被人体吸收，使人快速恢复体能，强壮机能，提升免疫力，延迟衰老，是小孩、老人、病人、运动员及减肥人士的最佳食品。在原产地非洲有"绿色金子"之称。

药用价值

刘询《岭表录》云：海枣"肉软烂，味极甜，如北地蒸枣。"供食用，也作药用，中国《本草拾遗》载："主温中益气，除痰嗽，补虚损。"《海药本草》指出可"消炎、止咳嗽、虚赢。"适用于急慢性支气管炎、肺结核咳嗽无痰或咳痰不爽、咽喉干痛者，以及脾胃气虚、气血不足、营养不良等症。强身健体、营养保健：将海枣汁与牛羊乳拌在一起喝。肺结核、干咳无痰：海枣5~6枚，生甘草6克。水煎去渣，1日2次分服。

健康提示

适用于一般人群。糖尿病患者忌食。

选购宜忌

以外观好、口感好、糖分高、色香味俱全、无腐烂者为佳。海枣表皮上如有白色粉状物为天然糖衣，可食用。

32. 酸枣

简介

　　酸枣，别名：棘子、葛针等。花期4~5月，果期8~9月。原产于我国北方地区，多野生于向阳或干燥荒凉的山石、山坡、旷野、路旁或崩塌的黄土悬崖之中。目前除黑龙江、西藏之外，各省、区均有分布，尤以华北地区最为常见。大体分为野生酸枣和人工改良、选育栽培酸枣两种。性喜温暖、湿润及光照的环境，根系发达，吸收力强，耐旱、耐瘠、耐涝、耐盐碱，抗枣疯病，对土壤要求不高，萌根蘖力强，童期短。

园艺应用

　　在众多干果中，就用途广、益处多而言，酸枣可谓独领风骚，全身是宝。根皮和树皮可治疗神经官能症；树叶可提取酸叶酮，对冠心病有较好的疗效；核壳可制活性炭；果肉可制酸枣面、酿酒、做醋，有健胃助消化的功能，还可制成各种果脯、果冻、果酱及防暑饮料——酸枣露，用作旅游食品，还有解饥渴的妙用；酸枣花是发展养蜂业的好蜜源。木材质地坚硬、纹理细腻、耐磨耐压，是制造农具和雕刻工艺品的良材。酸枣树是绿化荒山、沙滩的优良树种。

食用功效

　　酸枣富含多种维生素和钙、硒、铁、锌等微量元素及大量糖类、蛋白质、脂肪等营养成分，尤其维生素C含量较多。这些物质被证明具有防病、抗癌、抗衰老与养颜益寿的良好保健功效。常见中药"镇静安眠丸"就是以酸枣仁为主要成分制成的。近年对酸枣仁的研究表明，它对心血管系统和免疫系统有明显的调节作用，还能镇痛、抗惊厥、降血压、兴奋子宫和提高烫伤存活率，以及抗御由于烧伤引起的休克。经临床实践，其生用、炒用都有催眠功效。前人有"熟用治不眠，生用治好眠"的说法。此外，酸枣含有丰富的环磷酸腺苷，它有各种生理效应，促进心肌收缩，增强心力，加快心率，以及促进产生合成性激素的酶和促进性激素合成，抑制癌细胞的分裂和促进细胞的分化等。

药用价值

在中医典籍《神农本草经》中很早就记载，酸枣"安五脏，轻身延年，烦心，不得眠，脐上下痛，血转久泄，虚汗，烦渴，令人肥健。"医学上用于治疗神经衰弱、心烦失眠、多梦、盗汗、易惊、心腹寒热、邪结气聚、四肢酸痛、湿痹等症。酸枣仁性平，味甘、酸。宁心，安神，敛汗，生津，用于虚烦不眠、惊悸多梦、体虚多汗、津伤口渴，为养心安神之要药。炒后增强养血安神，盐制益肾定惊，蜜制增强益阴敛汗。酸枣树的根皮可治疗烫伤、遗精、尿浊，并有降压作用。神经衰弱：酸枣仁3~6克，加白糖研和，每晚入睡前温开水调服。

健康提示

适宜一般人群。尤其适合心脏病患者，实邪郁火及肾虚滑泄梦遗者慎服。

选购宜忌

选个大、饱满、肉厚、完整、种仁黄白色、色紫红、无核者为佳。储藏于阴凉通风处。

33. 沙棘果

简介

　　沙棘，别名：醋柳、酸刺、黑刺、沙枣、酸刺柳，藏文叫"达日布"，内蒙古称作酸溜溜等。花期3~4月，果期9~10月。原产于中国和欧洲。在我国分布的范围较广，西北、华北、西南地区都有，主产区有内蒙古、山西、陕西、四川、云南、甘肃、宁夏、西藏、新疆等地。多为野生，生于河边，高山、草原亦有栽培。我国沙棘属植物共4种8个

亚种，它们是中国沙棘、柳叶沙棘、西藏沙棘、肋果沙棘、江孜沙棘、蒙古沙棘、中亚沙棘和云南沙棘。我国主要是中国沙棘。其抗逆性强，喜光，抗寒、抗旱，适应性强，耐瘠薄、耐盐碱、抗风沙，对土壤要求不严，以中性到微碱性的沙壤土、轻壤土为好。根系发达，富根瘤菌，萌芽力强，耐修剪。

园艺应用

　　沙棘根系稠密并具根瘤菌，可保持水土并能固氮，是防风固沙、迅速恢复植被、改善生态环境，也是干旱半干旱山区治理荒山、改良土壤、促进山区发展经济的优良树种。果实含维生素、氨基酸及黄酮类化合物。特别是维生素C的含量高于其他蔬菜和水果，被誉为"维生素库"。种子为不饱和脂肪酸，出油率1%~5%。其果实较酸，不宜生食，多用于加工罐头、果汁、沙棘油、果酒、饮料、蜜饯等制品，其果汁还是加工各种糕

点、糖果、冷食、凋味品、化妆品等的原料。在国际市场上，沙棘食品十分畅销。俄罗斯等国把沙棘食品和饮料作为特需营养品，提供给飞行员、病人。我国生产的"中华沙棘汁"被指定为中国奥运代表团的专用饮品。沙棘多分布于我国地广人稀的"三北"地区，未遭受污染，是天然的绿色食品，很迎合现代人返璞归真、养心保健的心理，深受消费者的青睐，被人们誉为"神奇植物"、"绿色瑰宝"，被国家卫生部确认为药食同源的植物，其发展前景十分广阔。

食用功效

现代医学研究证明：沙棘果和沙棘油可降低胆固醇、缓解心绞痛发作，还有防治冠状动脉粥样硬化性心脏病的作用。有祛痰、止咳、平喘和治疗慢性气管炎、胃和十二指肠溃疡及消化不良的作用。尤其沙棘油中含有多种生物活性物质，含有大量维生素E、维生素A、黄酮等，有"生物活性物质宝库"之称。具有抗疲劳、降血脂、抗辐射、抗溃疡、保肝、抗心肌缺血、缺氧和增强机体的活力及抗癌等特殊药理性能，并有促进伤口愈合的作用。沙棘中超氧化物歧化酶（SOD）活性成分丰富，其含量是人参的4倍。它可以阻断因体内物质过氧化产生的自由基，而这种自由基与人体衰老、疾病的发生密切相关。此外，其果中的5-羟色胺，有显著的抗肿瘤活性作用。沙棘的黄酮能改善心肌微循环，起到降低心肌耗氧量、抗血管硬化、抗炎等作用。

药用价值

沙棘是中国藏医、蒙医、维吾尔族医使用的传统中药，喇嘛称沙棘果为包治百病的"灵丹妙药"。祖国医学认为，沙棘味酸、涩、性温。入肝、胃、大小肠经。且活血散瘀、化痰宽胸、生津止渴、补益脾胃、清热止泻、消食化滞。用于咳嗽痰多、胸闷不畅、呼吸困难、肺脓肿、高热伤阴、慢性支气管炎、消化不良、胃痛、跌打瘀肿、经闭、冠心病等症。冠心病、高血脂：沙棘果500克，文火煎煮取汁，每次服10毫升，每日服3次。

健康提示

沙棘各种制品均适用于一般人群。素体湿热或实邪者忌食。

选购宜忌

以个大、饱满、色红、滋润、子少、味酸甜者为佳。

34. 刺梨

简介

刺梨，别名：茨梨、木梨子等。花期5~7月，果期8~10月。原产于云贵高原，为高原特有的野生资源，生于海拔800~1 200米常绿、落叶混交林带的山野、山坡、丘陵、溪塘、沟边、路旁。为中国特有果树之一，以贵州的毕节、六盘水资源最为丰富，云南次之，四川西部凉山地区也有

分布。早在1640年《黔书》与1870年《本草便方二亭集》就刺梨药食作用作了论述，20世纪40年代初营养家进一步证实刺梨的营养价值，80年代科学家全面系统的研究探明了刺梨的药用价值。该属我国产有82种，其中价值较大的有刺梨、金樱子、无刺梨及5个优良品种：贵农1号、2号、7号、9号和K7号。性喜温暖湿润、阳光充足的环境，耐热、耐瘠，不甚耐寒，对土壤适应性强，适宜于各种环境中生长，具有萌生力强、结果早、衰老快的特点。

园艺应用

刺梨树体不高，分枝多，枝条密集，秀叶亮绿，绿化覆盖效果好，又花型多，花量大，一株开花多达数百朵，花期长，果实碧绿晶莹，成熟时有特殊香味，既是观赏兼果用植物，又是绿化环境的好树种，可用于公

园、庭院、园林绿地群植和列植观赏，也是很好的观赏花卉和绿篱、刺篱和花篱的上好选择。根皮含单宁高达23.5%，为重要的工业原料。刺梨果营养丰富，被誉为"营养库"，除鲜食外，可加工罐头等系列食品，在贵州作为药食两用历史悠久。有厂家视为"炎黄圣果"，开发生产既营养又有多种保健作用的新型饮料等进入市场，很受消费者欢迎。

食用价值

现代营养学与医学研究证明：刺梨果实富含糖类、维生素、胡萝卜素、有机酸和20多种氨基酸、10余种对人体有益的微量元素，尤其是富含维生素较高。有防治冠心病、抗心绞痛、平喘、抗菌、抗肿瘤、治疗皮肤癌及宫颈癌等作用。还富含超氧化物歧化酶（SOD）和黄酮，可降低过氧化脂质，增强免疫功能，有明显的抗衰老、抗病毒、抗辐射及补肾壮阳的作用。中国学者研究发现，刺梨黄酮有保护胰脏、预防糖尿病的作用。刺梨汁还具有阻断N–亚硝基化合物在人体内合成的作用，并具有防癌、抗肿瘤、抗动脉硬化的作用。常食刺梨汁（或果实）可预防肝癌，并对治疗人体铅中毒有特效。还能使皮肤白皙细嫩，并可减少表皮疾病的发生。

药用价值

《贵州民间方药集》及《四川中药志》记载：（刺梨）味甘，酸，性凉，有健胃消食、理气化滞、滋补强壮、清热解暑等功效。临床应用于咳嗽痰稠、咽喉发痒干疼、慢性支气管炎、食积腹胀、痢疾、肠炎、自汗、盗汗、遗精、白带及月经过多、痔疮出血、便秘、饮酒后或宿醉未醒者。据有关试验表明，刺梨对肝炎、肝硬化、高血压、高脂血症、肥胖症、动脉硬化、心脑血管疾病有治疗效果，还有提高免疫功能和性功能的作用。据1985年刺梨专家孙学惠研究发现，刺梨能健脾助消化，并具有阿托品的解痛作用。刺梨根性平，味酸涩，具有消食健胃、收敛止泻的功效。临床应用同刺梨果。预防胆石症：刺梨100克，粳米150克。将刺梨洗净去刺，切片，米洗净煮粥，初沸时放梨，粥稍煮即可，每日早晚分服。

健康提示

适用于一般人群。胃寒、胃酸高及十二指肠溃疡者慎食。出血性疾病、缺维生素K、泌尿系统结石者忌食。不宜与黄瓜和猪肝同食。

选购宜忌

优质刺梨果实呈扁球形，黄色，有梨的香味，果皮上密生小皮刺，肉厚脆嫩者为佳。常温下可储存15天，制成干品可长期食用。

$35.$ **树莓**

简介

　　树莓，别名：托盘、悬钩子、覆盆子等。花期5月上旬至下旬，果期6~7月。原产于欧洲、亚洲、美洲，分布于寒带及温带各国，主栽区在波兰、前南斯拉夫、苏格兰、俄罗斯、美国、加拿大等地。我国东北、华北、西北等地有分布，以黑龙江省栽培最多。本属约有450多种，中国野生资源十分丰富，种类有210种，南北各地均有分布，目前栽培的品种大部分从国外引入。主要栽培种类可分为红莓类群、黑莓类群、露莓类群及其杂种。喜冷凉、温暖湿润、光照充足的环境，适应性强，生长发育适温范围10~25℃。耐瘠薄，较耐干旱，不耐涝，以土层质地疏松、保水保肥、有机质含量高、排灌良好的壤土和沙壤土、pH 6~7为好。繁殖与分蘖力很强，生长快、病虫害少、童期早。

园艺应用

　　树莓具有较高的抗性，在不宜发展大型果树的山坡、沟谷、林缘可种植，既可保持水土，又能美化环境，柔嫩多汁，色泽宜人，风味独特，营养丰富，少数种类还可供庭院栽培与食用。除鲜食外，还可加工制成果酒、果酱、果汁、果冻、酸奶、罐头等，而且还是蜜源植物和药用植物。被地中海一带的人们奉为"美丽的圣果"，并作为美容养颜的贡品。《药性论》载：树莓让"男子肾精虚竭阳痿能令坚长，女子食之有子。"

食用功效

　　树莓中含有17种氨基酸，其含量高于苹果、葡萄，并含有抗衰老及抗癌物质，常食用是抑制某些癌症发生的一种简单、有效的自然疗法，被欧美发达国家称为"红宝石"、"癌症的克星"。而且，树莓所含的各种成分极易被人体吸收，不仅能促进对其他营养物质的吸收和消化、改善新陈代谢、增强人体抗病能力，还能有效保护心脏、防止心血管疾病的发生，还有增强对生殖系统的调节作用。且具有延年益寿的功效，是常见的补肾中药之一。日本最新检测证明，树莓中含有大量覆盆子铜，具有较好的减肥功能；有些成分还能直接刺激内分泌系统和交感神经，让人增加食欲，对孕妇妊娠期厌食呕吐及不爱吃饭的儿童也有很大帮助。此外，含有铁和有机酸，能使人脸色红润，并且强化肝脏功能，滋润肌肤，减少白发产生。另有明目、补肝等作用。

药用价值

据《本草纲目》记载：树莓（又称覆盆子）的根、茎、叶、果也可药用，具有益肾固精、缩尿之功能。《名医别录》云："益气轻身，令发不白。"用于肾虚遗尿，小便频数，阳痿早泄，遗精滑精。经酒蒸炮制后增强补肾助阳；盐制增强补肾固精，缩尿。浆果含有水杨酸，可作为发汗剂，是治疗感冒、流感、咽喉炎的良好降热药。根性味苦涩，有祛风利湿的功效，有益于风湿性关节炎、痛风、肝炎等。根浸酒可作为养筋活血、消红退肿的药剂。茎叶煎水可洗痔疮等。果实还富含挥发性具防腐作用的抗生素物质。益肾生精、精液异常、肾精亏：熟地、山药各30克，覆盆子、枸杞、菟丝子各15克，枣皮10克，泽泻12克。水煎服，每日2次，早晚分服。阳事不起：树梅酒浸泡2日，焙干研细末，每晚睡前，用酒送服9克。

健康提示

适用于一般人群。肾虚有火、小便短涩者及怀孕初期妇女宜慎服。

选购宜忌

以外观呈半球形、红色、个大、粒整、饱满、无叶梗者为佳。个小不均、不饱满、有杂质者较差，不宜选购。于阴凉干燥处密封储藏。

36. **猕猴桃**

简介

　　猕猴桃，别名：中华猕猴桃、藤梨、奇异果等。花期5~6月，果熟期8~10月。我国是猕猴桃的故乡，栽培利用至少有1 200多年了。全球共66个种，多数起源于中国，分布遍及大江南北，以湖南、河南、山西为主产地，陕西省西安市周至县和毗邻的宝鸡市因盛产猕猴桃被誉为"猕猴桃之乡"。根据果实和枝叶特点，分为中华猕猴桃、硬毛猕猴桃和刺猕猴桃。其中以中华猕猴桃果实最大、品质最好、经济价值最高。性喜温暖湿润、阳光充足的环境。适应性强，病虫害少，寿命长达百年以上。

园艺应用

　　每当初夏季节，猕猴桃翠叶浓荫、绿茎扶枝、白花似浪、婉丽动人，适合庭院、公园、小区和校园等种植。用于长廊、花架、墙垣及绿篱、棚架等建筑物装饰绿化，是园林一种理想的观赏攀援植物。正如明代李时珍在《本草纲目》中形象描绘"其形如梨，其色如桃，而猕猴喜食，故有诸名。"因鲜果酸甜适度，清香爽口，被称之为"超级水果"。也有"世界水果之王"、"水果金矿"等美称。在世界上消费量最大的前26种水果中，其营养均衡全面，果鲜食或制果汁、浓缩汁、果脯、果干、果酱、酿酒或点缀佳肴，深受人们青睐。

食用功效

　　猕猴桃中富含维生素C，它作为抗氧化剂能有效抑制硝化反应，防止癌症发生，增强人体免疫力。据原北京医学院研究结果表明，猕猴桃汁是阻断致癌物质亚硝基吗啉在人体内合成的最有效的阻断剂。又可增强心肌和血管壁的弹性和韧性，降低血中胆固醇及甘油三酯水平，对高血压、动脉硬化、冠心病等具有很好的防治效果；其所含的谷胱甘肽对癌症基因突变有较强的抑制作用，能有效抑制肝癌、肺癌、前列腺癌、皮肤癌等多种癌细胞的病变。且能有效地调节糖代谢，调节细胞内的激素和神经传导的效应，对防治糖尿病有独特功效。又含有血清促进素，具有稳定情绪、镇静心情的作用。另含天然肌醇，对调节糖代谢有正效应，也有助于脑部活动，因此能帮助忧郁之人走出情绪低谷。还含有良好的膳食纤维，能促进肠道蠕动，改善便秘，清除体内堆积的有害代谢物。此外，含丰富叶酸，能安胎，防止胎儿畸形，预防目疾，果实中含有精氨酸，为血管扩张剂，可阻止血栓形成，降低心血管疾病的发病率。研究发现，猕猴桃能作为汞的解毒剂，使血汞下降，改善肝功能。

药用价值

　　其果实为低热量、高营养果品，具有清热、健胃、养肌、排毒、强身等功效。其用于黄疸、痔疮、高血压病、高血脂症、高胆固醇、肝炎，以及血管病、消化不良、尿道结石、石淋等。《本草纲目》记载："止渴，解烦热，下淋石，调中下气。"根、藤、枝叶、花是很好的中药材。花朵芳香、蜜腺多，是理想的蜜源植物。枝叶有疗风湿性关节痛、乳痛、烫伤、外伤出血的功效。根、根皮具清热解毒、活血消肿、祛风利湿、催乳、防癌等功效，治疗消化不良、食欲不振、尿道结石、关节炎等多种疾病，亦可促进病人术后康复及产妇复原，又是治疗高血压、冠心病、肝病和大面积烧伤的辅疗药物。藤用于黄疸、消化不良、呕吐等。猕猴桃50~100克，水煎浓汁，加姜汁适量饮用，对干呕或胃癌有裨益。肝病患者：猕猴桃200克（去皮，切丁），西来（浸泡30分钟，沥干）、白糖各100克。共加水适量，烧开后再煮片刻饮用。

健康提示

　　一般人群均可食用，尤其适合情绪低落、常吃烧烤者，便秘、癌症、心血管疾病患者，食欲不振、消化不良者及航空、高原、矿井等工作人员。凡脾虚便溏、风寒感冒、疟疾、寒湿痢、慢性胃炎、痛经、闭经、尿频、月经过多、腹泻者不宜食用。不宜多吃，多吃冷脾胃。忌与动物肝脏、番茄、黄瓜等同食。

选购宜忌

　　挑椭圆形、体型匀称饱满、个大、表皮光滑、果皮黄褐色、果毛细、肉质坚实、硬度适中、无伤无病、近端部位透出隐约绿色的果实为佳。新鲜者有生硬感，用塑料袋装，将切开的梨或苹果同袋混装3~5日，可催熟变软，软的不能久放，即剥皮食用。已熟透，密封于保鲜袋，冰箱保鲜，不宜久存。

37. 菠萝蜜

简介

　　菠萝蜜，别名：木菠萝、树菠萝等。花期2~3月，果期夏、秋两季。原产于印度、东南亚一带，在热带潮湿地区广泛栽培。相传是明代郑和下西洋时带回我国的。现在盛产于中国、印度、中南半岛、南洋群岛、孟加拉国和巴西等地。中国海南、广东、云南东南部及福建、重庆南部有栽培。本属共有30多个品种。栽培有干包（硬肉类）和湿包（软肉类）2种类型。湿包皮坚硬，肉瓣肥厚、多汁、味甜，香气特殊而浓；干包汁少，柔软甜滑，鲜食味甘美，香气中等。性喜高温高湿、日照充足的低地环境，不耐寒冷，对土壤要求不严。

园艺应用

　　菠萝蜜很有趣，老干结果，越老果越大、越奇特。大若冬瓜，形如牛肚，皮似锯齿，号称"果实巨人"。其树形高大美观，花叶绚丽多彩，婀娜多姿，是观赏性果木。园林常见孤植于园路边、草地边或庭院一隅观赏，树形美观，生长快，也很适合作遮阴树或行道树，适宜在亚热带地区广泛发展。果肉营养丰富，浓香美味，故享有"热带珍果"美称。还可加工成果汁、果酱或蜜饯；未成熟果实可作蔬菜，与作料搭配是餐桌上的佳肴；种子富含淀粉，蒸煮食，味美如板栗，有止渴、通乳、补中益气的功效。

食用功效

　　现代医学研究证实，菠萝蜜中含有丰富的糖类、蛋白质、B族维生素、矿物质、脂肪油等，对维持机体的正常生理机能、增强体质有一定的作用。其中膳食纤维能促进肠蠕动。近代医学还从菠萝汁液和果皮中提炼出一种蛋白水解酶，临床上用作抗水肿和消炎药，服用后可改善局部血液、体液的循环，使水肿和炎症消退，对脑血栓所引起的各类疾病有一定的辅助治疗作用。菠萝蜜中提取的菠萝蛋白质与抗生素及其他药物并用，能促进药物对病变组织的渗透和扩散，适用于治疗由于各种原因引起的炎症、水肿等症，如支气管炎、支气管哮喘、急性肺炎、咽喉炎、视网膜炎等疾病。另外，菠萝蜜种子的提取液含有凝集素成分，经提炼后制成的凝集素可用于免疫学、肿瘤以及生殖生理疾病的辅助治疗。

药用价值

菠萝蜜性味甘、酸、平，入胃、大肠经。果肉及花有止渴解烦、益气醒脾、醒酒等功效。李时珍在《本草纲目》中说："能醒酒益气，令人悦泽。"用于热盛伤津，中气不足，烦热口渴，饮食不香，面色无华，身体倦怠等症；核仁补中益气、悦人颜色。用于产后乳汁不足：猪瘦肉250克，切小块，核仁适量，同煮汤食用。以淡食为宜：叶、根有消肿解毒的功效，外用止血消肿，树叶焙干研细末敷患处，每日2次；树汁直接外涂局部，可治疗淋巴管炎、痔疮等疾病。可见菠萝蜜通身是宝，兼有果、粮、材、药多种用途。慢性肠炎：种仁干燥后研为细末，每次15克，米汤调服，每日2~3次，饭前服。

健康提示

适用于一般人。菠萝蜜性热，皮肤不好者不易多吃，多吃易长疮，还令人胸闷、烦呕，还应注意避免过敏反应，食前先将果肉放在淡盐水中浸泡几分钟，可避免过敏。忌与蜂蜜同用，混食危险。

选购宜忌

优质菠萝蜜外壳完整新鲜、不破皮，单果大，肉厚香味浓。鉴定质量的方法：擦皮听声。如果擦皮时果壳瘤状突起物变钝硬脆易断，无乳汁，声音混浊，手挤压有软的感觉，闻起来有香味，为已熟果。存放于阴凉通风处，可保存月余。剥出的果肉宜冷藏保存。

38. 番荔枝

简介

番荔枝，别名：林檎、释迦、洋菠萝等。花期4~9月，一年收两次，盛果期8~9月及12月至翌年1月。原产于热带美洲，现广泛分布于世界热带和较温暖的亚热带地区。约300年前引入中国，台湾、广东、广西、福建、云南、贵州等省区均有栽培，其中台湾和广东大面积栽培。本属约100种，其中果实可食用约14种。我国主要栽培番荔枝、刺番荔枝，

牛心番荔枝只有少量栽培，阿蒂莫耶番荔枝和毛叶番荔枝于近年引入，正在发展中。台湾番荔枝一般分为粗鳞种和细鳞种。喜温暖、湿润及阳光充足的环境，耐热，不耐霜冻及阴冷天气。对土壤适应性强，适生于深厚、肥沃及排水良好的沙质土壤。

园艺应用

番荔枝是世界五大名果之一，具易栽培、早结果、病虫害少的特点，除作热带果树种植外，适宜在园林绿地、庭院、公园、风景区等栽植观赏，孤植、成片栽植或盆栽效果均佳。其果实由许多小果组成，排列宛如释迦佛像头顶的装饰，在台湾、福建地区俗称"释迦"，又名"佛头果"，为一般寺院喜爱栽植的果树，也常用作供品。且果肉呈乳白色，浆质，柔软，味甜而芬芳，适合东方人喜好甜食之口味，很受消费者欢迎，为秋、冬季重要水果。

食用功效

番荔枝果香气浓郁，为著名热带水果，果实营养极为丰富，热量极高，含蛋白质、脂肪、糖类及维生素、矿物质、膳食纤维等。除鲜食，还可加工成果子露及酿造饮料，有很高保健作用，能美容养颜、补充体力、清洁血液、促进肠蠕动、健强骨骼、预防坏血病、增强免疫力、抗癌，

有助于改善关节炎与腹泻下痢。富含维生素和各种矿物质，是滋补养颜的高档水果。自古被称为上等滋补品。富含多量纤维，促进肠的蠕动，助于通便。动物药理实验表明，种子具有抗着床和致流作用；树皮含多种生物碱，有抑制多种细菌活性的作用。

药用价值

番荔枝味甘、性温。果肉有清喉润肺、清热解毒、润肤养颜、补脾益气之效，可治恶心疮肿痛；叶片研粉可治疗癣或化脓的症状；叶子、种子和树皮含有生物碱，为收敛剂，可治赤痢。根治急性赤痢、精神抑郁和脊髓骨病。促进消化：释迦2个、番荔枝1个、腰果5个。番荔枝去皮、番荔枝洗净共榨汁，酌加凉开水，搅拌均匀饮用。

健康提示

适用于一般人群。果实含糖分高，多食易肥胖，糖尿病患者少食。另含钾量高，末期肾衰竭者忌食。亦含有鞣质，不宜与乳制品或高蛋白的食品同食，以免生成不易消化的物质。胃酸过多者也不宜多吃。

选购宜忌

以果粒大、果形端正饱满、鳞片大而平坦、果皮淡绿黄色、果肉软者为佳。果皮或果肉裂开者，为已完全成熟，最为香甜。果易腐不耐贮，熟软后早进食，或冰箱冷藏3~5天，久存易变黑。

39. 番木瓜

简介

番木瓜，别名：万寿果、木瓜、树冬瓜等。花果期全年。原产于墨西哥南部和热带中美洲，现广泛分布于世界热带、亚热带地区，是岭南四大名果之一，与香蕉、菠萝同称为热带三大草本果树。全世界共4属55种，17世纪时传入中国。我国引入栽培只有番木瓜1属1种。主要产区为台湾、广东、广西、云南、福建等省区。主要品种有岭南种、穗中红、泰国红肉、夏威夷小木瓜等。性喜温暖、阳光充足的环境，耐热、耐瘠、不耐寒。需水量大，忌积水，对土壤适应性广。

园艺应用

番木瓜像姿态优美的棕榈一样，具有直立不分枝的主干，高大挺拔，适合在公园、生活小区等栽培观赏。古代谚语说："梨百损一益，木瓜百益一损。"素有"百益果王"、"万寿果"之称，它富含多种营养物质，能"全方位"保护人体健康，深受消费者喜爱。2011年世界卫生组织更新了健康食品排行榜，木瓜第一次取代苹果成为健康水果第一名，这得益于木瓜酵素的发现。它可助人体分解肉类蛋白质，预防胃溃疡、消化不良，又能去除皮肤表面角质层细胞，被应用于护肤品中。

食用功效

番木瓜果实富含胡萝卜素、蛋白质、钙盐、苹果酸、柠檬酶和多种维生素。能补充人体的养分，增强人体抗疾病能力。现代医学研究表明，番木瓜中提取的活性成分番木瓜碱类，对中枢神经有麻痹作用，能抑制淋巴性白血病细胞和某些肿瘤细胞的活性，具有明显的抗肿瘤功效；还能有效缓解痉挛时所引起的疼痛，尤其对腓肠肌痉挛有显著的治疗作用。具有抗结核杆菌及寄生虫的作用，又富含蛋白质分解酵素，又称木瓜酵素，能消耗脂肪、蛋白质，帮助人体吸收和消化食物，对消化不良、胃病者有益；且酵素类似人体所分泌的生长激素和维生素A，可刺激女性荷尔蒙分泌，帮助乳腺发育，起到丰胸与催乳的效用。常食可延缓衰老，保持青春，也有分解并去除肌肤表面的老化角质层的作用，使皮肤皱纹减少，面色红润。富含的维生素C和胡萝卜素有很强的抗氧化能力，能有效地破坏使人体加速衰老的氧自由基，帮助机体修复组织，防治病毒，增强免疫力。水溶性纤维，能治疗便秘，降低血液中的胆固醇与血脂，具有强心、防心血管疾病。常食木瓜可促进产妇乳汁分泌，也是瘦身、丰胸、美白、防贫血的好帮手。

药用价值

民间用鲜木瓜250克，猪蹄1只，共熬汤饮用，每日1次，连用3天，疗缺乳。中医认为，木瓜味甘，性平，有和中祛湿、平肝舒筋、解毒消肿、健脾和胃、清热祛风、通便利尿、解酒毒等功效。治高血压、高血脂、心脏病、胃炎、风湿痹痛、脚气水肿、舒缓痉挛、消化不良、肥胖症。番木瓜素、木瓜蛋白酶与脂肪酶，有美容增白、分解蛋白质、脂肪的功效，是制健胃药、驱虫剂、化妆品的上乘原料，还可作为酒类、果汁的澄清剂和肉体的软化剂。果、叶、种子入药。《岭南采药录》中记载"果实汁液，用于驱虫剂和防腐剂"。枝主治湿痹、霍乱大吐下、转筋不止。叶含番木瓜碱、番木瓜甙、胆碱等，有强心、消肿、解毒、接骨的功效，主治疮疡、肿毒、骨折、小儿热痢作用。种子含异硫氰酸苄酯和番木瓜甙，能起到驱除肠道寄生虫、堕胎等作用。主治霍乱、烦躁、气急、慢性萎缩性胃炎、风湿筋骨痛、跌打挫伤、消化不良、肥胖症及产妇缺乳。肾虚阳举不坚和早泄：木瓜250克，切片放入1 000克米酒或低度白酒中，浸泡两周后启用。每次饮15毫升，每日2次，连服2周。

健康提示

适用于消化不良、胃病、风湿性关节炎、脚气病、产妇缺乳或乳汁不通者食用。孕妇、过敏体质、小便淋痛者忌服。番木瓜的番木瓜碱有小毒，每次食量不宜过多，否则会产生胀气、腹泻等副作用。忌与海螺、虾、鳗鱼等同食。忌冰冷后食用。种子含有堕胎成分，孕妇忌服。

选购宜忌

选购时注意区分公母之别。公瓜细长形、肉厚、子少、汁多清甜；母瓜身椭圆、肉薄、子多、汁少。宜选择公瓜，以果皮光洁饱满、完整无损伤、果蒂新鲜、颜色汪黄或鲜红、气味芳香、有重量感者为佳。不要用铁、铝等器皿装盛、烹调。

本页图片提供者：王宏大

40. 芒果

简介

　　芒果，别名：庵波罗果、檬果等。花期1~4月，果期5~8月。原产于印度，已有4 000多年的栽培历史。中国唐朝的高僧玄奘法师第一个把印度芒果介绍给世人，并带回芒果种子，播种于华夏大地，落户已有千年之久。印度教徒认为，芒果花的五瓣代表爱神卡马德瓦的五支箭，他们用芒果来供奉女神萨拉瓦蒂。中国学者考察发现，在广西和云南一些地区迄今生长有野生芒果树。全世界近百个国家生产芒果，有1 000多个品种，我国有100多个，主要产区为台湾、福建、广东、广西、海南、云南等省区。喜温暖、多湿及阳光充足的环境，耐热、耐瘠、耐旱、不耐寒霜。对土壤要求不严，生长快，结果早，丰产稳产，寿命较长。

园艺应用

　　芒果树冠浓密，盛夏时节，枝头挂满了累累果实，成了一道亮丽风景，很适合栽于房前屋后、校园内外、小区楼前、庭荫树和行道树。芒果种类众多，风味独特，香气浓郁，集热带水果精华于一身，素有"热带果王"的美誉。营养学家指出，芒果有多种对人体有益的营养物质，排毒功能非凡，深受人们喜爱。

食用功效

　　芒果中的糖类及维生素含量丰富，尤其维生素A原含量为水果之首，可维护细胞组织健康，促进生长发育，增加对传染病的抵抗力，还有明目作用；维生素C含量高于一般水果，可补充体内维生素的消耗，有助于降低胆固醇，防治高血压与动脉硬化；所含大量纤维素、芒果酮，能增进胃肠蠕动，有助于排毒，能使粪便在结肠内停止时间缩短，对防止结肠癌很有帮助；富含的类胡萝卜素，有益保护视力与润泽皮肤，是女士们美容的佳果。营养学家认为芒果有预防及减淡皱纹的功效。此外，芒果武能延缓细胞衰老、提高脑功能，又有祛痰止咳的功效，对咳嗽痰多、气喘等症有辅助治疗作用。现代药理研究证明，芒果有消炎、抗菌的功效，能抑制化脓球菌、大肠杆菌等。美国研究人员发现，芒果中的多酚对健康有促进作用，常食芒果对预防和抑制乳腺癌和结肠癌非常有效；还可抑制过剩的胆固醇，调节人体机能平衡；也有明显的抗脂质过氧化和保护脑神经元的作用。

药用价值

芒果营养丰富，食用芒果具有益胃、解渴、生津、利尿的功用，还有良好的凉血、退热、止呕的功效。用于津液不足、口渴咽燥、胃气虚弱、眩晕呕逆及呕吐、小便不利等症。治晕车、晕船，效用与酸话梅一样。果叶有理气消滞、清热止咳的功效。用于咳嗽、气喘、多痰。其提取物能抑制化脓球菌、大肠杆菌、绿脓杆菌，还具有抑制流感病毒的作用。果核消肿散结，解表利咽，行气止痛，消积食，除疝气疼痛，驱肠寄生虫。树皮有清暑热、止血、解疮毒的功效，主治发热，外感暑湿、鼻衄。花有消炎、疗咽干口渴、高血压、经闭、眩晕呕逆的功效。根有消积、祛风、止血的功效。芒果2个，去皮、核切片，水煮15分钟，加白糖搅匀即成，代茶频饮，对慢性咽喉炎、声音嘶哑有奇效。

健康提示

芒果老少皆宜，适用于脾胃虚弱、胃阴不足、口渴咽干、高血压、动脉硬化、高脂血症、呕吐、晕船者、孕妇胸闷作呕、男性功能衰退、女子月经过少或闭经及咳嗽、痰多、气喘、牙龈出血、有眼疾的人食用。皮肤病、肾病、肿瘤、大便秘结、过敏者及糖尿病患者忌食。不宜一次食过多、饱餐后不宜食用、不宜与醋、大蒜等辛辣食物同食，否则导致皮肤发黄，并损害肝脏。

选购宜忌

挑果粒大，无压擦伤，皮色鲜艳黄橙而均匀，形状微扁，果皮、果蒂无黑病斑、触摸蒂头处坚实而有弹性者为佳。芒果属于后熟水果，未成熟前，不要放进冰箱冷藏，以免造成口感不佳。剥皮食前，洗净为好，剥皮后一次吃完，不耐存放，易走色走味，食后淡盐水漱口，以防短暂性的失声。

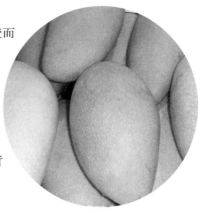

41. 鳄梨

简介

鳄梨，别名：油梨、牛油果、酪梨等。花期2~4月，果期8~10月。原产于墨西哥、厄瓜多尔、哥伦比亚等国和西印度群岛，现全球有40多个国家栽培生产。主产国有墨西哥、美国、多米尼加、巴西、印度尼西亚等国。全属约50个种，作为果树栽培的仅鳄梨1种，按原产地不同分为3系：墨西哥系、危地马拉系、西印度系。分紫红和绿色2种。紫红宜榨果汁，绿色适于生食。著名品种有哈斯、路拉、波洛克、博思等。我国于1918年开始引种，台湾、海南、广东、广西、福建、云南等省区有栽培，台湾和海南栽培较多。广西已建成我国最大的鳄梨基地。喜温暖、湿润的环境，不耐旱，忌积水，抗风力差。对光照要求不严格，对土壤的适应性较广。

园艺应用

鳄梨树型优美，淡黄果子，像一个个"鸡蛋"悬挂在树枝上，十分诱人，适合庭院、公园等处栽植观赏。在世界百科全书中，鳄梨列为营养最丰富的水果之一，有"一个鳄梨相当于三个鸡蛋"的美誉，其果肉柔软似乳酪，色黄，风味独特。将成熟变软的果实剖开，去掉皮核即可鲜食，也可拌上白糖、炼乳制成高级冰淇淋，非一般的冰淇淋可媲美。还可制作拼盘、凉拌菜及雪糕、冰条和冷饮料等。国外多用于做三明治、色拉原料、蘸料以及宴会的高级果品。在危地马拉，人们一年中竟有半年时间把它当粮食用。据联合国粮农组织统计，鳄梨跃居世界水果生产中第11位，栽培国家已有30多个，成为热带、亚热带很有发展前景的新兴果品。

食用功效

鳄梨果仁含油量8%~29%，其油是一种不干性油，有"树木黄油"的美称，可与黄油（又称奶油）媲美。除食用外，可作高级化妆品和医药上的润肤油及软膏原料。美、日等国已广泛应用于护肤霜、洗面奶、面膜、洗发香波、防晒霜等数百种化妆品。国内外研究人员发现，食用鳄梨对人体健康大有益处：所含不饱和脂肪酸，极易被人体消化吸收，且有降血脂、降胆固醇的功效，有防止动脉硬化和身体老化、保持青春、保护心脏及促进女性荷尔蒙正常分泌的功效，是世界上十种超级抗衰老果蔬之一，且每个鲜鳄梨含有钾及高纤维、镁等矿物质成分，有助于降低血压，减少患心脏病的风险，防止中风的发生，也有助于抵抗癌症，防止有害自由基损害人体的细胞。此外，还富含植

物性蛋白质，滋补性强，有助于体质虚弱的人及老年人调养身体；所含的铁和铜比较丰富，能促进红细胞再生，是补血的良好食物来源。

药用价值

鳄梨味甘、性温。且补中益气，除烦润燥，益肾固精，益耳目。用于烦热消渴、饮食不香、身体倦怠、病人术后及产妇康复，可作为高血压、高脂血症、冠心病的辅助食疗。《中华本草》称它"生津止渴，主治糖尿病。"延缓衰老：鳄梨1个，蜂蜜适量。两者混合榨汁，每日饮用。

健康提示

适用于一般人群。肥胖者不宜多食，以免胆固醇过高。

选购宜忌

以果实大、呈洋梨形、饱满者为佳。紫色种适于制果汁，绿色种宜生食。采后经数天才成熟，手指轻压有柔软感才能食用。已成熟的，应尽快食用，否则易腐烂掉。

42. **枇杷**

简介

枇杷，别名：芦橘、金丸、琵琶果等。花期11月至翌年2月，果期3~5月。我国是枇杷的故乡，枇杷是一年里最早上市的水果之一。四川大渡河中下游地区为原产中心。野生枇杷广布于四川、贵州、湖北、

云南等省。本属约有30种，原产于中国15种，栽培种仅1种，有200余个品种，主要分布在长江以南各省区，尤以浙江余杭县塘栖的"软条白沙"、"大红袍"，福建莆田宝坑的"大钟"及江苏吴县的洞庭山的"照种"、"青种"等较为著名，为中国三大枇杷产地。主要分为"白沙"与"红沙"两大类。性喜温暖、湿润及阳光充足的环境。耐热、稍耐阴、不耐寒。对土壤要求不严，适应性较广。

园艺应用

枇杷是我国南方特有的珍稀水果。它"秋萌、冬花、春实、夏熟，备四时之气，它物无以类似。"为"果中独备四时之气者"。枇杷花小、色洁白，分为五瓣，腊月里迎寒怒放，幽香沁人心脾。除多作果树栽培，历代多喜栽植于庭院、公园等处，兼具采果及观赏，果枝可用于插花或做果篮等。且对气候和土壤适应性强，适宜上山栽培。枇杷外形美观，肉细多汁，甜酸适口，营养丰富，风味独特，被誉为"果中之皇"，除生吃外，也可制成罐头，加工成果膏、果酱、果露、果酒等，深受国内外消费者喜爱。

食用功效

枇杷中所含的有机酸、苹果酸、柠檬酸能刺激消化腺分泌，对增进食欲、帮助消化吸收、止渴解暑有相当好的作用。枇杷中含有苦杏仁甙，能

够润肺、止咳、祛痰、治疗各种咳嗽，还能抑制流感病毒。含有多种营养素，其中胡萝卜素的含量丰富，在水果中高居第三位，能够有效地补充肌体营养成分，增强抗病能力，对保护视力、保持皮肤健康润泽、促进胎儿发育有一定的帮助；还含多酚物质，可防止肌体老化、预防癌症和各种慢性疾病，并具有清肺、润燥、止咳、暖胃的功效。

药用价值

用鲜枇杷50克，去皮、核绞汁，调适量蜂蜜饮用，可防伤风感冒。中医认为枇杷味甘酸、性平，具润肺宁嗽、止咳化痰、下气退热、生津止渴、和胃呕逆、健胃利尿之效。主治肺热咳嗽、虚热肺痿、肺燥咯血、胃热口干等。常用润肺和胃健品。叶、根、核、花均能入药。核（种子）能疏肝理气、化痰止咳，还可酿酒、提炼酒精；根有止咳、镇痛、下乳，主治虚痨止咳、吐血、衄血、燥渴、呕逆；花具有祛寒、化痰止咳的功效，主治头痛伤风感冒、咳嗽痰血，又是极好的蜜源，在蜂蜜中，"枇杷蜜"质优；枇杷皮生嚼咽汁（渣吐出）可治吐逆不止、不思饮食（也可水煎服）。枇杷叶是一味润肺、祛痰、止咳、下气、和胃降逆的常用中药，为止咳止呕之良品，目前，市场上所有的枇杷制品大都是以枇杷叶为主制成的。常见的有枇杷膏、枇杷露、枇杷冲剂等。用枇杷叶或根煨猪蹄是民间常用的下乳药。食欲不振：枇杷叶20克，陈皮25克，甘草15克，姜3片。水煎服用，每日2次。

健康指示

枇杷很适合实热体质、肺痿咳嗽、胸闷多痰、劳伤吐血及坏血病患者食用；脾虚泄泻者、糖尿病患者及未成熟果忌食。忌与萝卜、黄瓜、烤肉同食，也不宜多吃，否则易助湿生痰。核仁中含有剧毒氢氰酸，误食后会引起中毒，食时定要慎重。

选购宜忌

挑果实新鲜、个大匀称、核小、倒卵形、皮橙黄、茸毛完整、果柄青绿、长度适中、多汁、皮薄肉厚，无青果、伤烂味甜如蜜者为佳。忌放入冰箱内，应趁新鲜食用。

43. 杨梅

简介

　　杨梅，别名：白蒂梅、树梅等，花期4月，果期5~7月。原产于中国温带、亚热带湿润气候山区，是华夏特产水果之一。主要分布在长江流域以南，海南岛以北。有红种、粉红种、白种和乌种4个品种群。品质以乌色为最佳。目前分布于云南、贵州、浙江、江苏、福建、广东、湖南、广西、江西、四川、安徽、台湾等省份，其中以浙江栽培面积最大、品种质量最优、产量最高，绍兴的"水晶杨梅"被誉为"杨梅之冠"。其次是江苏、福建与广东。我国栽培的杨梅品种不超过50个。性喜温暖湿润气候和酸性土壤，不耐寒，稍耐阴，不耐烈日直射。耐旱，耐瘠，深根性，萌芽性强，寿命长，对二氧化硫、氯气等有毒气体抗性较强。

园艺应用

　　杨梅的树姿优美雅致，四季青绿，凌冬不凋，宜植为庭院观赏树种。孤植或丛植于草坪、庭院，或列植于路边，或作分隔空间使用，隐蔽遮挡的绿墙，也是厂矿绿化及城市隔音的优良树种。它又是冬季切花、花篮等切叶良材，且新鲜枝叶不易燃烧，可作森林防火带种植。杨梅有菌根，耐瘠薄土地，几乎山区土地都能种植，又可开辟杨梅观光区，举办入园采杨梅活动，促进旅游业的发展，被人们誉为"绿色无公害水果"。杨梅除鲜食外，又可制成梅干、蜜饯、果酒、果酱、果汁等食品，方便消费者食用，深受人们喜爱。

食用功效

　　杨梅味甘如蜜，甜中有酸，食之生津止渴，健脾开胃，消暑止泻，且为碱性食物，可维持人体内酸碱平衡，净化血液，增强抗病力。所含的枸橼酸，可帮助钙质的吸收，尤其孕妇食鲜杨梅有利母体钙质吸收，可促进胎儿的发育。又含柠檬酸与琥珀酸，具有超强的杀菌解毒功效，可消除食物中的病原菌，而果酸又能阻止体内的糖向脂肪转化，有助于减肥。还含有多种维生素、矿物质，可促进新陈代谢，增强肝解毒力；其中大量的维生素C可直接参与人体内糖的代谢和氧化还原过程，增强毛细血管通透性、降血脂、阻止癌细胞在体内合成，抑制有害病菌的生长。对大肠杆菌、痢疾杆菌等细菌有抑制作用，能治痢疾腹痛，对下痢不止者有良效。还含较多纤维及儿茶类物质，能促进胃肠蠕动，具通便效果。杨梅的树皮素具抗氧化性，可消除体内自由基。广泛应用于医学、食品、保健品和化妆品等领域。

药用价值

杨梅是传统中药材，具开胃、消食、行气止痛、生津去热、驱虫、活血、解毒等功效。主治烦渴、祛痰、止呕、消食、痢疾、霍乱呕吐、胃肠功能失调、衄血跌打损伤、骨折烫火伤、饮酒过度等症。李时珍《本草纲目》中称杨梅"可止渴，和五脏，能涤肠胃，除烦愦恶气。"果核治脚气；根止血、化瘀、理气。用于胃痛、疝气、吐血、呕吐、跌打伤。树皮行气活血，散瘀止痛，解毒，收敛。治脘腹疼痛，胁痛、牙痛、吐血、衄血；泡酒治跌打损伤、红肿、疼痛等。树汁外涂，可疗淋巴炎、痔疮等。叶、根与枝干表皮富含10%~19%的单宁，提炼的黄酮类与香精油物质，用作赤褐色及医疗上的收敛剂、兴奋剂和催吐剂，用于腹泻、黄胆肝炎、淋巴结核、慢性咽喉炎等。饭后、酒后食几颗杨梅，可消食、醒酒。腹痛：鲜杨梅500克，于米酒中浸泡3天，每日服4枚。

健康提示

适用于一般人群，尤适宜高脂血症、孕妇习惯性便秘、食积不化、胃肠胀满、饮烟酒过量、恶心欲吐者食用。多食伤胃损齿；血热火旺、牙病、糖尿病患者忌食；溃疡患者慎食；脾胃虚寒胃酸过多、上火的人少食；忌与大葱、萝卜、黄瓜及牛奶同食。食前用0.1%高锰酸钾溶液或淡盐水浸泡5分钟，淘洗几遍再吃。吃后及时漱口或刷牙，以免损坏牙齿。食用时蘸少许盐则更加鲜美可口。

选购宜忌

杨梅以成熟度适中、圆刺、乌紫色、粒大饱满、果型整齐、外观鲜美、肉质细而柔软、表面无水痕和斑点、汁多、气味清新微带有酸味为佳。不购买过于黑红、过熟或过生、肉质酥软、出水痕迹的杨梅。常温下易腐烂，可用糖和盐腌制，密封放入冰箱冷藏。

44. 阳桃

简介

阳桃，别名：五敛子、杨桃等。花期4~12月，果期7~12月。原产于马来西亚、印度尼西亚。晋朝时传入中国，主要产地为广东、广西、台湾、福建、云南和海南等省区。一年多次开花结果，分为酸阳桃和甜阳桃两大类。酸阳桃果实大而酸，俗称"三稔"，较少生吃，多作烹调配料或加工蜜饯。甜阳桃可分为"大花"、"中花"、"白壳仔"三个品系。性喜高温多湿及阳光充足的环境，不耐低温，怕旱、怕风，稍耐阴，怕强光直射。对土壤适应性强，以江河冲积地或池塘周围最适宜。

园艺应用

阳桃四季常青，枝条垂落，果实五棱奇特，"星梨"色泽美观，又速生好养，园林常用于路边、墙边或建筑物旁绿化树，也可大型盆栽绿化阳台、天台。阳桃鲜食，入口滑而腻、酸而甜，风味佳，汁也多，很受消费者喜爱，近年来已成为四季常见的水果。

食用功效

医学研究证明，阳桃含有大量糖类和维生素，常食可补充肌体营养，增强机体抗病能力，迅速补充水分，排出体内郁热或酒毒，是醒酒良品，

对尿路结石有很好的辅疗作用。且含有多种营养成分，能减少机体对脂肪的吸收，有降低血脂、胆固醇的作用，还有护肝降糖的作用，适用于心血管疾病或肥胖人的食用。阳桃果汁中含有大量草酸、柠檬酸、苹果酸等，具有提高胃液酸度、促进食物消化、和中消食之功效，而甚多果酸，

能抑制黑色素沉淀、去除或淡化黑斑，让肌肤变得滋润有光泽，是女士养颜美容的很好佳品。果实中含大量的挥发性成分、胡萝卜素类化合物等，

可消除咽喉炎症及口腔溃疡、防止风火牙痛。所含矿物质，尤其含有可健脑的锌和抗癌成分的硒。此外，含钴量丰富，可助红细胞形成，避免出现贫血症状，从而让女人成为真正健康的"粉红女郎"，被称为水果中的"钴矿"。

药用价值

咳嗽无痰：用阳桃1个切片，橘子1个，与水800毫升一起煮食饮用。阳桃果实叶、根、花都可入药。果实有清热生津、下气和中、利尿通淋的功效。用于风热咳嗽、热症烦渴、口舌生疮、咽喉肿痛、风火牙痛、虫蛇咬伤、小便短涩、解酒毒症。叶能拔毒生肌，散热止痛，止血、利小便。叶捣烂外敷有消肿止痛的功效。枝可祛风利湿、消肿止痛。枝、叶用于疮疽肿痛、风热感冒、小便不利、跌打肿

痛、产后浮肿、急性肠胃炎。根涩精、止血、止痛，助于慢性头痛、关节疼痛、鼻衄、遗精。花清热解毒散寒、治烟毒、酒毒、寒战发热，用于鸦片毒、疟疾、白带、解寒热。骨节风痛、小便热涩：鲜阳桃2~3个，洗净榨汁，凉开水冲服，每日2~3次。

健康提示

适用于所有体质的人，尤适宜高血压、动脉硬化患者、牙痛、口腔溃疡、口臭、烟酒过多、牙肉肿痛、便秘、小便涩痛、痔肿出血、风热咳嗽、咽喉疼痛的人食用。脾胃虚寒、纳差泄泻、肺热咳嗽、痰白而多者忌多食；肾脏病患者应少吃；糖尿病患者忌食。

选购宜忌

挑果实大、有重量感、棱片肥厚、金黄有光泽、闻起来有香味、无虫蛀及病斑者为佳。不挑选太软的。食前用淡盐水浸泡5分钟，再冲洗立即食用。置于通风阴凉处保存，不要放入冰箱。

45. 香瓜

简介

香瓜，别名：甜瓜、甘瓜等。花果期为夏季。原产于非洲热带沙漠地区，大约在北魏时期随着西瓜一同传到中国，明朝开始广泛种植，现今我国各地普遍栽培，分为厚皮和薄皮甜瓜两种。陕西、河南、辽宁、安徽、山东、四川、湖南、福建、台湾等省都是薄皮甜瓜的主要产地，栽培品种较多。性喜温暖、阳光充足的环境。较耐旱、不耐涝，成熟期需控水。对土壤适应性较强。

食用功效

香瓜是夏令消暑瓜果，被古埃及人视为天堂圣果，顶礼膜拜；是我国最早利用为果品的瓜类，其营养价值可与西瓜媲美，其他营养成分均不低于西瓜，而芳香物质、矿物质、糖分和维生素C的含量，则明显高于西瓜；是夏季清热消暑、解烦渴、利尿的佳品。多食香瓜，即可补充人体所需的能量及营养素，又有利于人体心脏、肝脏及肠道系统的正常活动，改善内分泌和造血机能。而各种香瓜均含有苹果酸、葡萄糖、氨基酸等，营养丰富，对感染性高烧、口渴等都具有很好的疗效。还含有转化酶，可将不溶性蛋白质转变成可溶性蛋白质，能帮助肾脏病人吸收营养，对肾病患者有益；又富含钾，不含钠及脂肪，是高血压患者的理想水果。此外，香瓜中的膳食纤维可促进胃肠蠕动，有助于通便，可预防大肠癌。

药用价值

甜瓜1个洗净，去皮，将云瓤剜出切块，榨汁饮用。可生津止渴，去暑消烦。中医认为：香瓜具有消暑热、解烦渴、利小便、祛炎、败毒、催吐、除湿、退黄疸等功效。用于暑热烦渴、小便不利、暑热下痢、腹痛等。《食疗本草》载："止渴、益气、除烦热、利小便、通三焦间壅塞气。"《随息居饮食谱》称它"涤热，疗饥。治暑痢。"瓜蒂、子、叶、花、根均可入药。香瓜蒂含苦毒素与葫芦素B等结晶性苦味质，具涌吐痰食、除湿、退黄、护肝的功效，能催吐胸膈痰涎及致毒食物及恶心、下痢，外用治急性黄疸型传染性肝炎、鼻炎等；香瓜子清热解毒利尿，散结消痈，治肺热咳嗽、热病口渴、大便燥结、肠痈、肺痈及驱除蛔虫、绦虫；叶补中、治小儿疳及跌打损伤；香瓜花治心痛咳逆、疮毒；果柄催吐、退黄、抗癌；用于食积不化，食物中毒，癫痫痰盛，急慢性肝炎、肝硬化、肝癌；根煎汤洗风癞；新鲜甜瓜子30克，白糖适量，水煎，待温饮用，每日2次，可清热排脓，杀虫。

健康提示

适用于一般人群。脾胃虚寒、腹胀便溏者忌服；出血及体虚患者，不可服瓜蒂；不宜与田螺、螃蟹、油饼等同食，对消化不利；不宜作饭后水果。

选购宜忌

挑选形状均衡较沉的、没有缺口、瘀伤或是污点、外观呈淡绿色、果实底部圆圈较大、香气浓郁者为佳。香瓜存期较长，置阴凉、通风室内即可。切开后要及时食用。

46. 香蕉

简介

　　香蕉，别名：蕉子、蕉果等。花期为夏秋两季，全年有产，主要产果期4~10月。原产于亚洲东南部及中国南方地区。世界主产地以中美洲产量最多，其次是亚洲，西印度洋群岛的哥斯达黎加和洪都拉斯，有"香蕉之国"的美称，迄今香蕉已遍及世界各国。我国香蕉主要分布在台湾、广东、广西、福建、云南、海南等省区。栽培的食用蕉可分为香蕉、龙牙蕉、大蕉三大类。性喜高温多湿的生长环境，喜光照，耐热，不耐寒。要求土层深厚、疏松肥沃，尤以冲积土壤或腐殖质壤土为宜。

园艺应用

　　香蕉姿态优美，绿叶扶疏，适合在公园、庭院、风景区的路边、水岸边及山石边作为绿化美化环境栽培观赏。香蕉营养丰富，香味清幽，肉质软糯，甜蜜可口，是大众喜爱的优质鲜果之一，被欧洲人称为"快乐水果"；且上市时间长，便于运输，与苹果、梨、柑橘并称世界"四大水果"。

食用价值

　　香蕉含有大量糖类物质及丰富的碳水化合等营养成分，可充饥，补充营养及能量；还能降低胃酸，保护胃黏膜，改善胃溃疡。香蕉含低钠高钾，不含胆固醇，热量较低，常食有助于降低血压，预防中风，改善便秘；能使皮肤细腻、健美。此外，有良好的免疫活性，能增加白细胞，增强免疫力；富含可溶性纤维，能助消化，调整胃肠机能，促进排便；果肉提取水溶性物，能抑制真菌、细菌的传播，起到消炎解毒的效果。

药用价值

中医认为香蕉有清热、润肺、滑肠、解毒之效。主治热病烦渴、肺燥咳嗽、便秘、酒醉、发热、高血压、冠心病、痔疮、血管硬化、出血等。《日用本草》言其"除小儿客热"。《本草求原》称它"止渴润肺解酒"。用香蕉2条蘸蜂蜜食用，疗痔疮、便后出血。叶、花、果皮、根均可入药。茎叶利尿，治水肿、脚气。叶研末和生姜汁涂肿毒，消炎止痛。香蕉根清热凉血、解毒，捣汁有消胃火、解热的作用，治热病烦渴、血淋、痈肿，预防白喉、麻疹、肺热痰喘。花和花苞烧存性，研末，盐水送服，治胃腹疼痛、吐血和便血。香蕉皮含蕉皮素，能抵制细菌、

真菌繁殖，用皮贴敷手癣、体癣可消除瘙痒。乳汁治烫伤，常用它擦脸搓手，可防皮肤老化、脱皮、瘙痒、皲裂。还可作染色剂。用香蕉1~2根，冰糖适量，炖服，每日1~2次，连服数日，治肺热咳嗽，效果佳。

健康提示

香蕉老少皆宜，尤减肥者首选，特别适宜高血压、冠心病、动脉硬化、上消化道溃疡、口干烦渴、喉咙干病、咳嗽、抑郁症、小儿食积、痔疮、大便干燥或带血者。脾胃虚寒、便溏腹泻、体胖、水肿、胃痛、消化不良者不宜多食、生食；易腹泻、痛经女性、胃酸过多者不宜食用，急慢性肾炎及肾功能不全者忌食；忌空腹食、忌与芋头、甘薯同食。

选购宜忌

选果形端正、果实饱满充实、尾部圆滑、果色新鲜光亮、果皮薄呈鲜黄或青黄色、果面无病斑、无创伤香气浓郁者为佳。天热时挂于阴凉通风处；天冷用报纸等包好储存，不宜放在冰箱保存，否则易变黑、变烂。若外表颜色黄绿不均匀，可能涂用催熟剂过多，尽量不要吃。

47. 无花果

简介

　　无花果，别名：映日果、天生子等。一年内多次开花结果。大部分品种分夏、秋两季结果，果实在6~11月陆续成熟。原产于欧洲地中海沿岸和中亚地区，大约在唐代传入我国。大部分地区有栽培，以新疆、山东、江苏、广西等地有较多栽培，尤以新疆阿图什栽培最盛，素有"无花果之乡"的美称。目前国内栽培的无花果品种有10多个。果实形状有扁圆形、球形、梨形等，果皮有绿、黄、红、深紫红色之分，果肉多呈黄色、浅红或深红色。

性喜温暖、干燥及光照充足的环境，耐干旱、耐瘠薄、不耐寒、不抗涝。对土壤适应性强，一般土壤即可生长良好。抗多种有害气体，耐烟尘，少病虫害，萌蘖力强，寿命较长。

园艺应用

　　无花果树态优雅，生长强健，枝条柔软，叶片宽大，果实奇特，夏、秋果实累累，为水果中的生食佳品，是优良的庭院绿化和经济树，观赏性佳，适合于公园、社区、风景区等种植观赏。且可吸收酸雾，抗二氧化硫及苯等有害气体，叶片有带尘作用，可用于厂矿绿化；还是室内盆栽佳品，摆放于阳台、窗台等阳光充足处，既净化空气，又美化环境，又较抗盐，在华东、华南沿海地区被列入海涂滩地扩大栽培树种。其可食率高达92%以上，果实皮薄无核，肉质松软，风味甘甜，营养与药用价值高，尤其是抗癌药物的重要原料，已得到全球公认，颇受消费者欢迎。

食用功效

　　无花果含大量的糖类、脂类、蛋白质、无机盐及人体必需的氨基酸等，可有效补充人体所需的营养成分，增强机体的抗病能力；尤其含天门冬氨酸，可对抗白血病，恢复体力，消除疲劳；还能有效预防痔疮。未成熟果实的乳浆中含有补骨脂素、佛柑内脂等活性成分，其成熟果实的果汁中可提取一种芳香物质"苯甲醛"，二者都具有防癌抗癌的作用，可预防肝癌、肺癌、胃癌，延缓移植性腺癌、淋巴肉瘤的发展、促使其退化；并对正常细胞不会产生毒害；果肉含一种超氧化物酸化酶，有防止衰老、延年益寿的作用，对肺热咳嗽、痔疮出血、肠胃虚、消化不良等症相当有效；果实中含大量果胶和维生素，能吸附肠道内多种有毒物质，排出体外，促进有益菌类增殖，抑制血糖上升，维持正常胆固醇含量，对高血压、冠心病、动脉硬化等病症有改善作用；还含有丰富的蛋白酶等酶类，能促进蛋白质的分解，有助消化，增进食欲，润肠通便；还可降血脂，减少脂肪在血管内的沉积，起到降血压、预防冠心病的作用。医药上制成消炎、消化药，用于治疗关节炎等炎症及伤口复原、消化道溃疡。此外，果汁中含有木瓜蛋白酶，是一种天然美容剂，可消除雀斑、黑痣，是化妆品的重要原料。

药用价值

无花果性平、味甘。具补脾益胃、润肠通便、清肠止泻、开胃催乳、清热生津、驱虫、消肿解毒的功效。治久泻不利、消化不良、食欲不振、老年性便秘、产后缺乳、肠炎、痢疾、肺热便秘、咽喉痛、声嘶、痔疮、风湿麻痹等症。鲜果捣烂、麻油调敷，可治一切无名肿毒、痈疽疮疖、鱼口便毒及黄水疮、乳结等症。叶有降血压、消肿解毒、行气止痛、消痔愈疮的功效，用于高血压、小儿腹泻。在浴盆中放数片干燥叶片，有暖身和防治神经痛、痔瘘、肿痛的效果，且有润滑皮肤的美容作用。根茎有散瘀水肿、通乳消痔的功效，治筋骨疼痛、颈淋巴结核、痔疮、瘰疬等。产后乳汁不足：鲜无花果3个，红枣2枚，猪瘦肉80克。三者加适量水煮烂食，每日1次。

健康提示

适用于一般人群。尤宜暑热口干烦躁、消化不良、呃逆者，维生素缺乏、肾结石、高血压、心脏病患者食用。忌空腹多食。忌与黄瓜、胡萝卜、海味、牛奶同食，会降低营养价值，不利健康。脾虚、腹痛、糖尿病、脑血管意外、脂肪肝、腹泻等患者忌食。消化不良、大便溏薄者不宜生食。

选购宜忌

选果实成熟适中、色泽鲜艳、果大粒、果形扁圆、果皮黄色、不萎缩、网纹明显（红种为紫褐色）、不破不裂、果肉细软、果味香甘甜如蜜者为佳。无花果皮薄肉软不耐储藏，应轻拿轻放，摊开置阴凉干燥处。一般制成干品后保存。

48. **橄榄**

简介

　　橄榄，别名：忠果、谏果、青果等。花期4~6月，果期9~11月。原产于我国华南地区。有2 000多年的栽培历史。主要产地为福建、广东2省，福建的闽侯、闽清2县产量最高，有"橄榄之乡"的美称。其次是海南、台湾、广西、四川、浙江、云南等省区。以福建的"檀香橄榄"、广东的"汕头橄榄"等较为著名。栽培橄榄的国家还有越南、老挝、柬埔寨、菲律宾、印度尼西亚等。全属约100种，作为果树栽培的有白榄（橄榄、山榄、青果）与乌榄（黑榄、槭子）2种，其余的仍为野生。海南、四川、云南尚分布少量的野生种。橄榄系亚热带特产果树，过冷或过热的地区都不适宜生长。喜温暖、湿润的气候。耐旱、耐瘠、不耐霜冻。对土壤适应性较强。

园艺应用

　　橄榄树一直被地中海沿岸国家视为圣树，象征着长寿、富裕和成熟，人们称其为神赐的礼物。在古代奥运会上，获胜者的奖品是一枝橄榄枝，而在发源地——希腊举行的2004年奥运会会标也是一枝橄榄枝。现在，全世界公认橄榄枝为和平的象征。它树姿高大优美，枝叶茂盛，四季常青，是华南地区良好的防风林和绿化环境、净化空气的行道树、园庭树，其再生能力强，适应性广，河滩、洲地、山丘、坡地以及房前屋后、零星杂地均可种植。橄榄有"先涩后甜"的特点，人们称之"天堂之果"，且营养丰富，我国隆冬腊月气候异常干燥，常食点橄榄有润喉之功效，不愧是老少皆宜的上好营养品。

食用功效

　　橄榄果肉富含蛋白质、脂肪、碳水化合物及17种人体必需的氨基酸，还含纤维、钙、磷、铁等矿物质及维生素C等多种营养成分，可有效补充人体的营养，防止大脑衰老，预防阿尔茨海默病，有助于增强人体对矿物质，如磷、锌、钙的吸收，减少类风湿关节炎的发生。还含大量鞣酸、挥发油、香树脂醇等物质，具滋润咽喉，抗炎消肿，解煤气、河豚及酒精中毒的作用，并可安定神志。又富含钙、磷、铁及维生素C等成分，能改善消化系统功能，有助于减少胃酸、防止胃炎、十二指肠溃疡、胆囊炎等病的发生。特别含钙量高，对儿童骨骼发育有帮助。孕妇及哺乳期食橄榄，对婴儿大脑发育有明显的促进作用，可使婴儿变聪明。橄榄油可食用，味道醇厚，耐高温不变质，有"液体黄金"的美称，又能增强消化机能，调节体内高低密度脂蛋白、胆固醇，防止血管老化，增强肠蠕动，以使肠道通畅；还有助于平衡新陈代谢，促进儿童神经、骨骼和大脑发育；对成年人有助于预防动脉硬化、心血管疾病、癌症、糖尿病，又是养颜护肤、保健长寿的良品。

药用价值

中医认为，橄榄性味甘、酸、平，有清热解毒、利咽化痰、生津止渴、除烦醒酒、化刺除鲠的功效，用于咽喉肿痛、肺热咳嗽、津少口渴、肠炎痢疾、痔疮出血、癫痫、酒醉、鱼蟹中毒等。《滇南本草》称其"治一切喉火上炎"。冬春季节，每日嚼食2~3枚鲜橄榄，可防止呼吸道感染；与鲜萝卜汤服，可疗咽喉肿痛。儿童常食，对骨骼发育大有益处。根味淡性平，有舒筋活络、祛风除湿、清咽解毒、利关节的功效。用于风湿腿酸痛、产后风瘫、手脚麻木、筋骨疼痛、咽喉肿痛、胃痛等。核仁解酒、鱼毒、润肺消痰。治口唇燥痛、嘴痛、痘疹不起、肠风下血、鱼蟹中毒；鱼骨卡咽喉，研末磨汁服之。橄榄核疗便血、尿血及淋漓不止。百日咳：生橄榄20枚，冰糖50克。水炖，分3次服，连服3~5日。

健康提示

适用于一般人，特别适宜有麻疹、咽喉肿痛、咽炎、咳嗽、妊娠呕吐、湿疹、鱼、蟹、河豚中毒及解酒人食用。忌一次大量食用，以免产生胸膈痞闷。热性咳嗽者禁食，消化道溃疡、寒痛、虚痛、胃酸过多、腹泻及大便秘结者慎食。

选购宜忌

选购以果实个大、肉厚、饱满、果身硬挺端正、果皮灰绿鲜艳、成熟度适中、闻之清香、果眼无溢汁、无乌黑斑点者为佳。色泽青绿，无黄点，是矾水泡过，不要食用。保鲜袋密封，冰箱冷藏，可保留原味，但不宜存太久，宜鲜食。食前洗净，制成干品可存放较久。

49. 黄皮

简介

黄皮,又称黄弹子、黄罐子等。花期3~4月,果期7~8月。原产于我国南部,广东、广西、台湾、福建种植较多,四川、云南也有分布。广东省郁南县获得农业部中国水果流通协会授予的"中国无核黄皮之乡"称号。缅甸、马来西亚、印度等国也有种植。我国黄皮地方品种甚多,不少属同物异名。大概分为甜、酸两类。黄皮原产于亚热带地区,喜温暖、湿润及阳光充足的环境,适应性较强,耐热、耐瘠、不耐寒。对土壤适应性强,寿命长。

园艺应用

黄皮树姿优雅,四季常绿,果实色泽金黄,光洁耀目,是典型的浆果,适合于园林、庭院绿化观赏。果形似龙眼,果肉半透明,多汁多浆,味如柚子,甜中带酸,是色、香、味俱佳、令人喜爱的水果。除生食外,可盐渍、糖渍,还可加工制成果酱、果饯、饮料和糖果。根、叶、果皮及果核皆可入药,称得上一身是宝。可见,黄皮是绝佳的绿色保健养生食品,所制成的饮料不需添加色素,颜色纯正,味道醇美。深受果农及消费者的喜爱。

食用功效

药学家认为：黄皮具有多功能养生功效，所含大量人体必需营养成分，可有效补充人体的营养不足，增强机体的抗病能力；所含大量的酸性物质，如抗坏血酸、多种氨基酸，能提高人体胃液的酸度，刺激胃液的分泌，减轻因气滞而导致的胀满疼痛；可调畅气机，敛肺气，还可减轻平滑肌的痉挛，起到化痰平喘之效。黄皮苦味可刺激胆汁分泌，促进消化，使吸收机能畅旺，还有强心松弛胸腹肌肉紧张、减少或消除胀满疼痛的作用。

药用价值

黄皮性温，味辛、甘、酸。具有健脾胃、理气消食、解郁散结、化痰止咳的作用。用于食积不化，肝胃气痛、胸膈满痛、痰饮咳喘、睾丸肿痛、疝气胀痛等症。根、叶、果皮及果核皆可入药。果皮味苦，有利尿和消肿、去痦积的功效。主治疟疾、感冒、流感。果核有行气、止痛、健胃消肿解毒的功效，主治胃痛、经痛和风湿骨痛；种子疗疝气，蜈蚣咬伤和小儿头疮；叶可疏风解表、除痰行气，利尿解毒，主治温病身热、咳嗽哮喘、腹胀腹痛、小便不利、疟疾、热毒疥癞等症。民间喜用黄皮叶水煎防治感冒。根可治气痛及疝痛。黄皮干有化痰开窍之功用。疝气偏坠：黄皮根100克，小茴香15克。水煎去渣，冲入黄酒适量，温服，每日2次。

健康提示

适宜一般人群。尤以肝气郁结、脘腹痞满、风寒咳嗽患者适用。一次不可食用过多，否则易动火，发疮疖。

选购宜忌

挑果大、肉厚、色艳金黄、外皮老滑没损伤或痕点者为佳。不耐储藏，宜在低温下保存，时间不宜过长。食时必将果肉、果皮和果核整个放进口中嚼碎，连渣带汁缓吞下，收效才显著。

50. 余甘子

简介

余甘子，别名：油甘子、迦果等。花期4~6月，果期7~9月。原产于印度、马来西亚，中国南部等地，东南亚也有分布。我国资源十分丰富，分布面积最大、产量最多。主要分布于南亚热带地区，种类有青皮、软枝、算盘子等品种，其中青皮的肉质较为清脆爽口，可与白榄相媲美。主产于福建、广东、云南、广西、贵州、海南、四川、台湾等地区。余甘子是热带亚热带果树，性喜温暖、湿润的环境，喜光照、耐热、耐瘠、耐旱、忌霜寒，不择土壤，以红壤、黄壤较佳。生长快、童果早、寿命长，自然落子，繁殖力强。

园艺应用

余甘子抗旱耐瘠，适应性强，易栽培，不仅是荒山坡地造林绿化的好树种，也可用于庭院等作风景树种。是20世纪90年代被联合国粮农组织指定在全世界推广种植的保健果树之一。又是健身治病的药用植物。其营养价值丰富，含12种维生素、18种氨基酸、16种宏量和微量元素等成分，其果实在我国作为民间中药已有近2 000年的历史。先人常用它治疗多种常见病。且果实鲜食酸甜清凉，是我国卫生部颁布的既是食品、又是药品的一种果品。在药品、食品等诸多领域应用前景广阔。

食用功效

美国科学家于1996年经过化验分析，发现余甘子里含有一种可令人体细胞增强活力、并可使皮肤舒展张力的特殊物质，具有延缓衰老、减少皱纹的功效。联合国粮农组织对此发现甚为关注，特把它与山楂、白榄列为"世界三大杂果"。近年研究发现，余甘子对乙型肝炎、高血压有显著疗效；研究还证明，余甘子果汁具有防癌和抗衰老的作用，它能阻断强致癌物N–亚硝酸化合物在动物和人体内的合成和提高人体红细胞SOD（超氧化物歧化酶）活性，从而起到预防癌症的作用；并能降低血液中脂质过氧化物的含量，增强人体内的抗氧化能力，表现出具有抗衰老的作用。

药用价值

中医认为，余甘子（果实）：甘、微涩、凉。清热利咽，润肺止咳。我国古代典籍如《异物志》、《唐本草》、《本草拾遗》等对其药用价值均有论述。说它主补益壮气、主风虚热气、解湿热春湿、生津止渴、利痰等。明朝著名医学家李时珍所著《本草纲目》中指出"余甘久服轻生，延年长生。"可见它在养生、保健和治疗方面有重要价值。古人常用余甘子果实治疗消化不良、胃腹痛、感冒、牙疼、咽喉痛、疝痛、坏血病、痢疾、咳嗽等疾患。还被称为"润喉糖"，根用于高血压、胃痛、肠炎、淋巴结结核；叶用于水肿、皮肤湿疹。

健康提示

适用于一般人群。因性凉，瘀血体质者不宜过多食用。如药用请在医生指导下食用。

选购宜忌

选果大、色浅、黄绿、肉脆、汁多、纤维少、酸甜可口、无伤、无霉、无斑点者为佳。

51. 柿子

简介

柿子，别名：米果、猴枣等，花期5~6月，果9~10月成熟。原产于我国长江及黄河流域，明清时一直作为贡品。世界各地的柿子品种几乎都来自中国。主要产地有河北、北京、河南、山东、山西、陕西等省市。有1 000多个品种，分为涩柿和甜柿两类。主要有大磨盘柿、莲花柿、绵柿、大面柿、镜面柿和大火晶等。性喜温暖及阳光充足的环境。耐热、耐寒、耐旱、耐瘠，不耐水湿和盐碱。对土壤要求不严，柿树深根性、更新和成枝能力很强，寿命长，抗污染性强。

园艺应用

柿树形态优美，枝繁叶大，冠覆如盖，夏可遮阴纳凉；入秋碧叶丹果鲜丽悦目，晚秋红叶可与枫叶媲美，是园林、庭院中观叶、观果又能结合生产的好树种。在公园、居民住宅区、林带中具有较大的绿化潜力。柿子美味多汁，甘甜可口，营养丰富，是人们比较喜欢食用的果品，尤在寒冷的冬季吃冻柿子，别有一番味道。

食用功效

柿子富含胡萝卜素、维生素C、葡萄糖、果糖、蛋白质、氨基酸和钙、磷、铁等矿物质，能有效补充人体的养分及细胞内液，起到润肺生津的功效，对夜盲症、干眼病、感冒有预防效果。以色列希伯来大学教授格林斯坦最近公布了他主持研究的一项成果：每天吃一个柿子，可以有效预防动脉硬化、心脏病和中风发作。又据有关临床研究报道，柿子对中枢神经有镇静作用，是慢性支气管炎等病症的保健水果之一。柿子含大量有机酸、鞣质等，有助胃肠消化、增强食欲；又含大量水分和醇脱氢酶，可分解酒精，有醒酒解醉的功效；柿叶含黄酮甙物质，有抗菌、扩张血管、解热的作用，能降低血压、软化血管，对改善高血压患者的头痛、头昏效果较好。现在临床使用的具有止血、降压、抗菌作用的血净片就是柿叶制成的。此外，含丰富的碘，能治疗缺碘所致的地方性甲状腺肿大等疾病；富含的锰，能防止血液中多余的钙沉淀，也能抑制胆固醇沉淀。又富含果酸，有良好的润肠通便、保持肠道菌群平衡的作用。

药用价值

柿树全身均可入药。中医学认为，柿子性寒，味甘、涩，具有润肺止咳、生津止渴、祛痰软坚、健脾胃、清热除烦、降血压等功效。主治肺燥久咳、肺痿虚热、虚劳咯血、热病烦渴、脾虚泄泻、高血压、尿血、痔疮出血、肠燥便秘、口疮、喉疔等症。柿子加工成的柿饼是中国传统产品，能益脾开胃、增强免疫力、止痣血，可治吐血、咯血、痔疮下血，可将1块柿饼切碎，与粳米一起煮粥食用。柿饼上白霜为柿霜。含甘露醇、葡萄糖、果糖、蔗糖，有清热、润燥、化痰的功效，是疗咽干和口腔炎的特效药。柿蒂止呃逆及疗夜尿；柿叶止血、生津止渴、止咳平喘；柿皮用于贴疗疮疡、无名肿毒、冻伤；柿根能止血，主治妇女崩漏、血痢、大便出血；柿花能解毒敛疮，主治痘疮破烂。干咳久咳：柿饼2个，川贝粉9克。柿饼去核，加入川贝粉，蒸熟，每日分2次服完，连服5~10日。

健康提示

适用于脾胃消化正常的人，尤适于大便干结者、高血压患者、甲状腺疾病患者食用。糖尿病、脾虚泄泻、便溏、体弱多病、产后、外感风寒者忌食。空腹慎吃生柿，吃柿后忌饮酒或食醋。柿子不宜与海带、紫菜、黑枣、鹅肉、螃蟹、甘薯、鸡蛋共同食用。

选购宜忌

挑选红柿以果大、呈红色或橙红色、果形饱满者为佳，水柿以果大、饱满、呈灰黄或黄色、无伤、无霉烂者为佳，柿饼以干果大而扁圆、呈黄褐色、果肉柔软而富有弹性者为佳。成熟柿子置冰箱内冷藏，未熟鲜柿置通风、干燥、阴凉处待自然软化脱涩，不宜放冰箱内。

本页图片提供者：王宏大

52. 人心果

简介

　　人心果，别名：吴凤柿、人参果、长寿果等。花果期3~9月。原产于墨西哥南部至中美洲、西印度群岛一带，现广植于全球热带地区。20世纪初从新加坡、印度尼西亚等国传入我国，主要分布于云南、广东、广西、福建、海南、台湾等地区的南部和中部。按果实形状分椭圆形、圆形、顶凹形、扁形4类，依果实大小分大、中、小、变异形4类，由果实颜色分为青肉类与褐肉类。人心果喜高温及阳光充足的环境，对温度适应性较高，冬季无霜害地区较适宜生长结果。耐旱，较耐贫瘠和盐分。喜肥沃深厚、通气良好的沙质壤土。

园艺应用

　　人心果冠形优美，四季常绿，果实诱人，且对二氧化硫、氯气等有害气体有较强抗性及吸收作用，适合于公园、风景区、社区或庭院丛植、孤植观赏，又是室内盆栽观赏佳品，摆放于阳台、窗台等阳光充足处，既美化环境，又可净化空气。果实芳香爽口，润滑香甜。印度尼西亚有"吃人心果，别把舌头咬破"的说法，说明人心果甜度颇高，进食应慢慢品尝；且营养丰富，除鲜食外，还可加工制作果汁、果酱、果珍、果晶和干片等，颇受消费者喜爱。木材淡红色，坚硬耐用，可做贵重家具，有很高的经济价值。

食用功效

药理研究表明，人心果中含有蛋白质、脂肪、糖类及多种微量元素、矿物质和氨基酸，其中硒、钙含量居水果、蔬菜之首，能增强免疫力、激活人体细胞、清除体内自由基，抑制肿瘤细胞的裂变，具有防癌、抑制心血管疾病及防止由于缺钙而引起的骨质疏松、骨质增生、阿尔茨海默病及动脉硬化等症的作用。而含有的微量元素钼也有防癌作用，对高血压、冠心病和糖尿病患者都有良好的作用，是理想的食疗保健水果。

药用价值

人心果性平、味甘。具有清心润肺、止咳化痰的功效。用于肺燥咳嗽、干咳少痰、口燥、咽干、解暑清热、口干嘴涩，辅助治疗心脏病、肺病和血管硬化等症。树皮可滋补、退热，晒干煎水治急性肠炎、扁桃腺体炎。清热祛暑：人心果、苹果各1个，洗净去皮子，切块，入锅中加适量水煮，喝汤吃肉。

健康提示

一般人均可食用。未成熟的人心果呈青色，味涩不能食用。种子有毒，勿食。

选购宜忌

选果实大、呈卵形、果皮土褐色、稍软熟、有香气者为佳。刚采收，质硬，富含胶质及单宁，需经5~7天的后熟软化方可食用。温度高后熟软化快。可利用后熟期间进行储运供应市场，但要通风良好。

53. 番茄

简介

　　番茄，别名：西红柿、洋柿子等。花果期夏秋间。原是长在森林里的野果。当地人视为毒果子，称"狼桃"，只用来观赏，无人取食。直到18世纪，才懂得食用。于明代传入中国，作为观赏性植物，直到清代末年，中国人才开始食用。现世界各地广为栽培，其中美国、俄罗斯、意大利和中国为主要生产国。分为圆形、扁圆形、长圆形、尖圆形；有大红、粉红、橙红和黄色。喜温暖、湿润、阳光充足的环境，怕寒不耐热，对土壤适应性较强。具耐煮、营养不受破坏、果实多次采收的优点。

园艺应用

　　番茄色彩绚丽，"高矮胖瘦"雅姿不尽相同，适合在公园、观光园、庭院等栽培观赏，还可盆栽，摆放于阳台、窗台等处美化环境。又气味清香，让人闻起来心情愉悦。且营养十分丰富，可生吃、炒菜、榨汁、做酱，还可烹饪风味佳肴，如番茄炒蛋、番茄肉片汤等。是消费者餐桌上必备的美味。

食用功效

　　番茄所含的番茄红素具有独特的抗氧化能力，能清除自由基，保护细胞，延缓衰老，抑制视网膜变性，保护视力，还能减少前列腺癌、胰腺、直肠、喉、肺、乳腺癌等症的发病率。还可降低热量摄取，减少脂肪积累。其含胡萝卜素、维生素C和叶酸，可增强血管功能，预防血管老化，对维护皮肤健康有益；维生素P、维生素A可防止毛细血管破裂和血管硬化，增强维生素C的生理作用，还有增强小儿智力、促进骨骼生长，防治佝偻病及眼病，还有美容功效。番茄内的烟酸、苹果酸和柠檬酸等有机酸，能促进唾液和胃液分泌，增强胃内酵素作用，助消化、具有降血压及消炎的作用。又能促进红细胞的形成，有利保持血管壁的弹性和保护皮肤。此外，番茄含蛋白质和膳食纤维，有助排出体内毒素；大量钾能帮助排除多余盐分；可降压、利尿、消肿；生物碱可减少低密度脂蛋白，有益高脂血症患者。

药用价值

番茄2个洗净，鸡蛋1个，煮熟，一并吃下，每日1~2次，防贫血效果佳。常食有助大脑发育、增强记忆力和减轻脑部疲劳、增强血管的柔韧性，是良好的保健佳果，故有"蔬菜中的水果"之称。中医认为番茄性甘酸，微寒，具有止渴生津、健胃消食、凉血平肝、清热解毒、降血压、养生的功效。用于高血压、肝脏病、维生素C缺乏症、冠心病和糖尿病等症。《陆川本草》说它"生津止渴、健胃消食，治口渴、食欲不振。"据测定，每人每天食用50~100克鲜番茄，就能满足人体对几种维生素和矿物质的需要。番茄藤具有消肿的作用，可防治甲状腺肿大、坏血病、白喉、牙龈皮下出血、肺结核等病症。番茄汁具有抗血小板凝聚的功效，有疗头痛，下痢、肿毒，防治脑血栓的作用。鲜番茄打成汁，含嘴里数分钟，一日数次，可消除口腔发炎。迎风流泪：西红柿1个，桑葚20克，捣烂成汁，饮服。

健康提示

适宜一般人群食用，尤适减肥、癌症、心血管疾病、肾炎、贫血、肝病、糖尿病、口干舌燥、牙龈出血、眼底出血、夜盲症、近视眼、暑热烦渴、食欲不振的人及爱美人士食用。急性肠炎、菌痢及溃疡活动期、月经期、有痛经史、湿阻中焦、气滞食积者不宜食用；不宜空腹食，因含果酸、柿胶等收敛剂，易与胃酸凝结，导致胃胀痛、呕吐；不宜食未熟青番茄，其含龙葵素，食了易恶心、呕吐、全身疲乏；不宜长时间高温加热，否则破坏其营养成分；烧煮时稍加些醋，能破坏番茄碱有害物质；忌与石榴、黄瓜、虾蟹类同食。

选购宜忌

选购时以果形周正、饱满有弹性、大而圆形、表皮光亮、果蒂红绿相间、无伤裂畸形、无虫咬、无病斑、成熟适度、酸甜适口、肉肥厚、心室小者为佳。已成熟的需放冰箱3~5天储存。烹调时加点醋，可破坏番茄中所含番茄碱等有害物质。

54. 黄瓜

简介

黄瓜，别名：胡瓜、王瓜、刺瓜。一年生蔓生成攀缘性草本植物。夏、秋开花结果。雌花开后8~12天，即可采收嫩瓜。原产于喜马拉雅山南麓的印度北部地区。印度于3 000年前就已栽培。西汉张骞出使西域时引入华夏，并随着南亚民族的迁移和往来，传播到中国南部、东南亚各国及日本等国家和地区。我国已有2 000年栽培历史。全国各地普遍栽培，并且自行培育出各种类型的优良品种，已满足了早熟、抗病、高产和设施配套的生产需式，产品供应达到数量充足，四季上市。黄瓜系典型喜温植物，性喜温暖、湿润、昼夜温差大的气候环境。怕旱、忌涝。要求土壤有机质含量高、保水保肥力强、疏松透气、中性偏酸性的壤土或沙壤土。南方春、夏、秋三季露地栽培，冬季塑料大棚和阳光温室栽培。黄瓜结果率高，可多次结果多次采收。

食用功效

黄瓜色泽翠绿、肉嫩多汁、芳香脆甜、营养丰富，是味亦蔬亦果佳品。生吃、凉拌、炒食、腌渍、酱制均宜。每日100~500克。黄瓜富含蛋白质、脂肪、糖类、多种维生素、纤维素以及钙、磷、铁、钾、钠、镁等营养成分。尤其所含细纤维素，可降低血液中胆固醇、甘油三酯的含量，促进肠道蠕动，加速废物排泄，改善人体新陈代谢。新鲜黄瓜中含有的丙醇二酸，能有效抑制糖类物质转化为脂肪，常吃黄瓜可起到减肥、降脂、瘦身健美的功用。据现代药理研究发现，黄瓜所富含的葫芦素C，具有增强人体免疫功能，提高体内巨噬细胞活力，增强人体防癌、抗癌作用的功效，中老年人常吃黄瓜对预防消化道癌症有重要意义。此外，黄瓜中所含的葡萄糖甙、果糖等不参与通常的糖代谢，故糖尿病人以黄瓜充饥，血糖非但不会升高，甚至会降低。黄瓜所含的维生素B_1有增强大脑和神经系统的功能，能安神定志，改善睡眠；维生素E，可起到延年益寿，抗衰老作用。

药用价值

我国历代医学家将黄瓜视为治病的良药，并根据临床实践对其药用价值进行了研究与论述，《日用本草》：“除胸中热，解烦渴，利水道。”《滇南本草》：“解痉癖热毒，清烦渴。”《本草求真》：“气味甘寒，能清热利水。”《陆川本草》：“治热病身热，口渴，烫伤；瓜干陈者，补脾气，止腹泻。”

我国医学认为，黄瓜性凉，味甘，入肺、脾、胃、大肠经。具清热解毒，生津止渴，解暑除烦，利水消肿，除湿、镇痛、滑肠、降脂、减肥等功效。主治热病烦渴，咽喉肿痛，四肢浮肿，小便不利，肾类水肿，湿热泻痢，黄疸，汗斑，痱疮，火烫伤，目赤，风热眼疾等。此外，皮、叶、根、藤、籽、黄瓜霜均可入药。皮：治水肿，四肢浮肿，猩红热，肥胖症。叶：治湿热泻痢，湿脚气，无名肿毒，偏头痛，视力减肥，盗汗，麻疹，惊风，肥胖症。根：治湿热泻痢，黄疸，疮痈肿毒，中耳炎，膀胱炎，小儿支气管炎，消渴。藤：治痰热咳嗽，癫痫，高血压病，湿热泻痢，痰湿流注，疮痈肿毒，流行性乙型脑类。黄瓜霜：治咽喉肿痛，口舌生疮，牙龈肿痛，火眼赤痛，跌打嫩肿。冠心病：黄瓜汁30毫升，荷叶汁15毫升，生姜汁3毫升。共混合均匀服用，早晚各1次。

健康提示

适用于一般人群。尤其适宜热病患者，肥胖、水肿者食用；高血压、高血脂、癌症患者可多吃；嗜酒的人宜多吃；是糖尿病人首选的食品之一。凡脾胃虚寒、腹痛腹泻、肺寒咳嗽者不宜多食或慎用；肝病、心血管病、肠胃病以及高血压患者不宜吃腌黄瓜；黄瓜性凉，慢性支气管炎、结肠炎、胃溃疡病等虚等寒病者宜少食；患疮疥、脚气、虚肿者忌食用；不宜加碱或高热煮后食用；不宜与花生搭配食用，易引起腹泻。

选购宜忌

以鲜嫩、色绿、身条细直、手握瓜条感觉“硬邦邦”、条头均匀、瓜端带小黄花、无畸形、无苦味者为佳。购时不要将尾部丢弃，其含有较多苦味素，具有抗癌作用；购后可将黄瓜用保鲜膜封好，置冰箱内可保存1周左右。生吃或凉拌前，务必洗净，用开水烫过，以免引起肠道疾病，并加一些大蒜和醋，既杀菌又增味。

55. 山楂

简介

　　山楂，别名：红果、酸楂等。花期5~6月，果期7~10月。原产于我国东北、山西、河北、陕西、甘肃、河南、山东、安徽等地，朝鲜及俄罗斯西伯利亚地区也有分布。多生于海拔400~1 000米的向阳坡、杂木林缘、灌丛间、疏林内。我国本属植物约有16种，山楂分为酸甜两种，其中酸口山楂最为流行。与同属常见的栽培品种有野山楂、云南山楂、河北山楂、湖北山楂。性喜温暖及阳光充足的环境，稍耐阴，耐寒，耐干燥，耐贫瘠，不择土壤，但以疏松、肥沃、排水良好的微酸性沙质壤土生长最好。

园艺应用

　　山楂树姿苍劲，春夏碧叶繁花，秋季红果累累，色泽艳丽，园林中可用于路边、草地中或建筑物旁栽植绿化及观赏，也可作庭荫树或园景林，也制作盆景摆展于公园、风景区等观赏。山楂具有很高的营养和药用价值，历代诸多医药典籍中，均有山楂治疾病的讲述；既适合生食，又适合加工成山楂片等最流行的食品。因此，山楂一直是人们比较喜爱的一种水果。

食用功效

　　临床医学研究证明，山楂含解脂酶、鞣质等，能促进脂肪类食物的消化，能开胃健脾消食，利胆汁，有促进胃液分泌和增加胃内酶素等功能。又含三萜类及黄酮类成分，具有显著的扩张血管和缓慢而持久的降压作用，有增强心肌、抗心律不齐、收缩子宫、调节血脂及胆固醇含量的功能。因此，高血脂、高血压及冠心病患者每日可取生山楂15~30克，水煎代茶饮用。而焦山楂煎剂对痢疾杆菌及绿脓杆菌等均有明显抑制作用；还可吸附肠道内腐败毒素，有收敛止痛之效。还含牡荆素等化合物，具有抗癌作用，能阻断亚硝酸的合成，对由于黄曲霉素导致的突变作用有显著抑制效果，常食对防止肿瘤有益处。山楂中的果胶含量居所有水果之首，有防辐射、吸附和抗菌的功效，可辅助治疗腹泻。研究还表明，老年人常食山楂制品能增强食欲、改善睡眠、保持骨骼和血液中钙的稳定，能预防动脉粥样硬化，使人延年益寿，故有"长寿食品"之誉。

药用价值

山楂果肉有消食积、散瘀血、健胃宽隔、降压降脂、下气活血、消痞散积、收敛止痢、杀虫除疳、止痛、治食物中毒、生物散瘀、消积的功效。用于肉食积滞、脘腹胀痛、泄泻痢疾、瘀血闭经、产后腹痛，恶露不尽、疝气疼痛、睾丸肿痛，小儿乳食停滞及高血

脂症。《本草纲目》载，"化饮食，消肉积，症瘕，痰饮痞满，吞酸，滞血痛胀。"叶煎水当茶饮，可降血压、敛疮、止痒。根有消积、祛风、止血的作用。治风湿性关节痛、痢疾、水肿、消化不良、咯血、痔漏。花疗高血压病。核具消食散结、催生的作用，治积食不消、睾丸偏坠、难产。月经紊乱：山楂肉9克，青皮6克，白糖50克。水煎服，经前每日1次，连服3~4天。产后腹痛：山楂30克，香附15克。水浓煎，顿服。

健康提示

适用于一般人群，尤其适宜心血管病、癌症、儿童、老年人消化不良及肠炎患者食用；患伤风感冒、消化不良、食欲不振、儿童软骨症、儿童缺铁性贫血者可多食山楂片。脾胃虚弱的孕妇、胃酸过多、消化性溃疡、龋齿、便秘者及服用人参、西洋参等滋补品期间忌食；不宜与海味同食，食用过多，使人易饥，故不可大量食用。此外，禁止与四环素、土霉素同用。

选购宜忌

选新鲜、个大均匀、成熟、外表呈深红色、有鲜亮光泽、果实丰满、圆鼓、叶梗新鲜、果点明显、有香气、无虫蛀、无伤痕、无皱皮、无僵果者为佳。应在低温通风处保存。果肉发软、表皮棕色斑点、露肉发霉都是腐烂的标记，忌购用。

本页图片提供者：王宏大

56. 乳茄

简介

乳茄因果实形状酷似乳房而得名，别名：黄金果、牛头茄、五果茄等。原属多年生灌木型草本植物，常作一年栽培。观果期由7月至翌年2月。原产中于美洲热带地区，世界各国大都有引种栽培。喜温暖、光线充足、通风良好的环境。不耐寒，土壤要求不严，南方的酸性土和北方的碱性土均能生长。但在土层深厚、疏松肥沃的土壤中生长较好。

园艺应用

乳茄枝条葱茏苍劲，阔叶葳蕤繁茂，花蕾常倾垂，盛开时挺立，5枚紫色花瓣宛如五星般展开，黄色的锥形花蕊坐其中，美丽异常。挂果时有大有小，有绿有黄，形状奇特，其果实基部有乳头状突起，或如手指，或像牛角，仿佛像一家五代同堂坐在一起谈天说地，寓意"五子登科"，在西方，其花语是"老少安康，金银无缺"。且挂果期长，特别是入冬落叶后，金黄果实不变色，不干缩，留存原枝，果实累累，如盏盏小灯笼，别致诱人，连枝剪下，在花盆中进行各种造型绑扎，或者将果实绑扎在其他盆景植物上，若涂上一层光油或青漆，置于干燥处陈设，即使摆上十年半载，也经久不变，依然风采如故，是优质、高级的插花素材，为广州等地元旦、春节瓶插观果，或用果碟盛装数个果实并陈，作为请供佳品，寓意吉祥与幸福，象征着一团和气、五福临门、黄金万两，或作为珍贵的礼物馈赠亲友，表示祝寿双全。也是我国南北室内大型盆栽的名贵观赏花果木。将它置于庭院、花台、厅堂、书案上，莳养和观赏，也最宜于花园、花坛等作美化栽培，极为古香古色，可谓园艺家族中的一朵奇葩。

药用价值

乳茄果实性平，味甘、涩。具有消炎镇痛、散瘀消肿的功效，主治胃痛、淋巴结核、腋窝生疮等症。

健康提示

适用于一般人群。

选购宜忌

选果大、色金黄、无斑痕者为佳。

57. 李子

简介

　　李子，别名：李实、嘉应子等。花期2～3月，果期3～8月。原产于中国，已有3 000多年的历史。我国台湾是世界上李子的重要产区，迄今李子的产区已遍布南北各省。中国李有800多个品种，分为红皮李类和黄皮李类。主要品种有：携李（醉李）、芙蓉李（浦李）、蜜李、秋李和牛心李等。性喜温暖、湿润及光照充足的环境，对气候适应性强，耐寒、耐热、耐旱、耐湿、不耐阴。对土壤要求不苛刻。

园艺应用

　　我国历来将桃李作为美好事物的象征，又把李花、桃花、梅花、杏花视为传统的观赏名花。它花朵芬芳浓郁，果实硕大，色泽美观，除作果树栽培，也适合在公园、风景区或庭院栽培观赏，是城市园林绿化的优良树种，又是很好的蜜源植物和环保树种，对二氧化硫、氯气抗性强，用于污染区和厂矿绿化。李子饱满圆润，玲珑剔透，芳香多汁，酸甜适口，富含多种营养成分，除鲜食外，还可制成李干、蜜饯、罐头或酿酒，为人们喜爱的传统夏令果品之一。

食用功效

　　李子含丰富的糖分，具缓泻作用，可治疗便秘；有利尿、扩张血管、安眠等作用；李子中的矿物质能造血，对强化肝脏和肾脏功能有帮助，适宜治疗高血压，还具有生津、清热的作用，常食用可使皮肤呈现健康的光泽，有健美之功。能促进胃酸和胃消化酶的分泌及胃肠蠕动，能促进消化，增加食欲。还富含胡萝卜素与铁元素，实验证明，有促进血红蛋白再生的作用，可显著改善贫血、头晕等症状，适度食用对健康大有益处。

药用价值

李子核适量去皮捣烂，加蛋清混匀，每晚睡前抹脸上，隔日晨洗净，连续1周以上，期间避免饮酒，可改善脸部肤色暗沉；核仁且有活血祛瘀、润肠、利水的功效。治骨痛、跌打损伤、瘀血肿痛、便秘、痰多咳嗽、利小肠、下水气、除浮肿。花味苦、香，无毒，可作美容药，去粉刺。李树叶清热、解毒，治小儿高热、惊痫、疮疖、肿毒溃烂、水肿等症。根皮清热解毒、利湿止痛，疗消渴、湿热痢疾、目翳、透发麻疹、丹毒、赤白带下、改善蛀牙痛。中医认为，李子可生津、养肝、清热、利尿，"肝炎宜食之"（唐代名医孙思邈），善治肝硬化腹水、虚劳骨蒸盗汗、消渴引饮等症。用甜李子2～3个，连核捣碎加温开水1杯，拌匀取汁液服用，每天早晚各1次。治疗肝硬化，小便不利。

健康提示

适用于一般人群。肝脏疾病、单纯性肥胖、高血压、月经不调、口渴、发热、皮肤粗糙、音哑者及教师、演唱人员均可食用。李子含果酸高，急慢性胃肠炎及溃疡病、痰多者忌食。李子易助湿生疾，伤脾胃，又损齿，使人发虚热，不宜多食。俗语说："桃养人，杏伤人，李子树下抬死人"，说的就是这个道理。吃李子后不宜多喝水，否则易发生腹泻；也不可与雀肉、蜂蜜、鸡、鸭肉同食，损人五脏。孕妇、便泻、遗精者禁服李核仁。

选购宜忌

挑果实饱满的，红肉李以颗粒大、皮黑、果面有白色果粉者为上等品；黄肉李以果皮透黄有光泽、肉质较软有弹性、无伤痕者为佳。味道苦涩、未熟透或入水漂浮不沉的李子有毒，应剔除，不宜食用。用软毛刷轻刷洗果皮，再用盐水浸泡片刻，冲净即可。

58. 菠萝

简介

　　菠萝，别名：凤梨、王梨、番梨等。花期11～12月，一年有3次结果期，品质以6～8月成熟的果最佳。原产于南美洲的巴西，是热带、亚热带地区的著名水果。泰国是亚洲菠萝主产国。我国台湾省为最大的菠萝产区，其次为广东、广西、福建和云南。全球60～70个品种，分为三大类：卡因类、皇后类、西班牙类。主要栽培品种（品系）有无刺卡因、巴厘、神湾、土种、台农4号（剥粒菠萝）、广东57～236等。尤以近年广州果农精心培育出的"糖心菠萝"为最佳。性喜温暖，不耐寒，较耐阴，对土壤适应性广。

园艺应用

　　菠萝是著名的热带水果之一，与香蕉、芒果、荔枝并称为"世界四大名果"。它宛如古籍中所描绘的"有凤来仪"、"凤来"，象征着吉利和祥和，适合于盆栽欣赏，布置庭院、厅堂、居室等处，优雅美观。当果实成熟之际，橙黄浓郁的果香阵阵，沁人心脾。还可净化空气，夜间吸收二氧化碳。刚装修后的房子，放个把菠萝，能吸附室内异味。所使用过的菠萝，不要食用。菠萝风味独特，外形美观，汁多味香，果供鲜食、果肉加工罐头、果酱、果汁、果脯、脱水食品、盐渍食物，营养丰富，深受人们喜爱。

食用功效

　　菠萝富含菠萝沉酶和菠萝蛋白酶、酸解脂肪，助蛋白质的吸收和消化，过食肉类、油腻食物后，吃些菠萝更宜，是饭后消食佳果；还能溶解组织中的粗纤维蛋白和血凝块，改善局部血液循环，降低血液黏度，防止血栓形成；又可消除炎症和水肿，促进组织愈合、修复。所含糖、盐类和酶也有利尿作用，适当食用对肾炎、热咳、咽喉肿痛、气管炎、慢性胃炎、消化不良、酒醉及高血压病患者有益。还含大量水分、无机盐、维生素C及各种有机酸，有效补充人体的水分及营养物质，达到清热解渴的效果。且含大量食物纤维，可促进排便，对便秘有一定疗效；又富含B族维生素，能滋润肌肤、润泽头发、消除疲劳、增进食欲、增强机体的免疫力。

药用价值

菠萝肉250克，切块榨汁，加入凉开水100毫升，食盐少许，搅匀后饮用，每日2次。有清热解渴、除烦之效。中医认为，菠萝性平，味甘，微酸，具有生津止渴，祛湿利尿，消食止泻，补脾健胃，固元益气，抗炎消肿等功效。主治伤暑、身热烦渴、消化不良和酒后烦渴等症。可治疗多种炎症，对消化不良、利尿、通经、驱寄生虫等有良效；果皮有利尿、止泻的作用，治痢疾，又可酿酒、制醋、提制柠檬酸、糖；老茎：利湿、助消化，食积，腹泻；叶可抗氧化、止泻；茎蕊为胆石原料，治胃痉挛，有抗癌酵素。菠萝汁中含酵素，不但令血凝块消散，又可制止它的形成，还具疗热咳、支气管炎、咽喉痛的功效。鲜菠萝肉60克，鲜茅根30克，分别洗净，文火慢熬至菠萝烂熟，去渣取药汁，每日2次，连服15日为一个疗程，疗肾炎。

健康提示

适用于一般人群，尤适宜消化不良、食欲不振、饭后消食、咳嗽、肾炎、高血压患者食用。不宜空腹食，患有溃疡病、肾脏病、凝血功能障碍者应禁食，发烧、低血压、内脏下垂、湿疹、疥疮的人不宜多吃；忌与牛奶、萝卜、鸡蛋同时食用。

选购宜忌

挑果实新鲜、饱满、果形端正、一半呈黄色、果目均已展开者，弹击中端，声音似拍打肌肉声是好果。而同一大小的果体，果实越重质量越好。生食时涂些盐或在稀盐水中浸渍，吃起来更清甜。不宜放入冰箱储藏，宜放置于避光、阴凉通风处。

59. 扁桃

简介

扁桃，通称巴旦杏、维语称巴旦木。与蔷薇科植物桃有近缘。花期3~4月，果期6~7月。原产于中亚细亚及小亚细亚一带，一般生长于海拔500~1200米石砾山坡上，目前世界各地栽培的为普通扁桃。我国扁桃栽培历史有1300余年，远在唐、宋以前就由西域诸国（中亚细亚）通过丝绸之路传入新疆，陕西、河北、北京、山东等省市先后引种栽培，均能正常生长并结果，

以新疆最集中。中国扁桃属植物有普通扁桃、唐古特扁桃、蒙古扁桃、长柄扁桃、野扁桃等。国外有白花、重瓣白花、重瓣粉花、垂枝等园艺变种。扁桃树性喜光、适高温、干旱气候，不耐遮阴和密植，抗寒力强，对土壤的适应性很强，在砾石山坡和沙漠戈壁上均能生长，但以土层深厚、通气良好的壤土和沙壤土栽培为宜。

园艺应用

扁桃为世界性果树，五大洲均有栽培，是世界著名干果。它树体婀娜，早春开花艳丽芳香，植于庭院作为风景树观赏，又是蜜源植物；适应力很强，且相当抗旱，是半沙漠地带、干燥山区营造经济林的适宜树种，也是平地建立果园，作为防风林、行道树、四旁绿化树都很适宜。扁桃核仁肥大、风味芳香、易消化，除供鲜食、炒食、烹调用外，大量用于食品工业，配制各式面包、高级点心、糖果、巧克力、干果罐头等。未成熟果

皮可制果酱、蜜饯或盐渍。尤其老北京人喜食，对它有特殊偏爱，为节令必备干果。

食用功效

扁桃核仁肥大，含油量高，为55%~60%，是高级食用油及食品工业原料，蛋白质含量高达22%，高于松子、核桃和榛子，油质芳香，并含糖、无机盐及18种微量和常量元素与多种矿物质元素，营养成分较全面，为新疆群众传统的药补食品；又是化妆工业上的重要原料。扁桃中的亚油酸具有溶胆固醇的功能，是疏通血管、治高血压、冠心病的药用成分之一。

药用价值

扁桃是一味传统中药，60%扁桃仁是新疆当地的中药配制原料，有润肺、化痰、止咳、下气之效，用于治疗虚劳咳嗽、心腹逆闷等症。《饮膳正要》上说杏仁"味甘、无毒，止咳，下气，消心腹逆闷。"《本草求真》云："入肺经，消闷、生津。"清代的王士龙在《随息居饮食谱》上曰："八挞杏（即巴旦杏），甘凉，润肺，补液懦枯。仁味甘平，补肺润燥，止咳下气，养胃祛痰。"其苦扁桃油含有的扁桃精（苦杏仁素）对气管炎、高血压、神经衰弱、皮肤过敏、肺病、佝偻病、肠胃病等均有一定疗效。

健康提示

适用于一般人群。扁桃仁含脂肪较多，大便稀薄、脾虚或有寒湿痰饮者不宜食用。

选购宜忌

以个大、饱满、断面色白、富油性、清香者为佳。泛油变质呈黑褐色不能食用。

60. 番石榴

简介

番石榴，别名：芭乐。花期4～5月，果期7～8月。原产于美洲热带，现世界热带地区均有栽培，约17世纪末传入我国，主要在台湾、广东、福建、海南、广西、云南等省区栽培。有的地方已逸为野生果树。目前栽培品种有早熟白、梨仔拔、东山月拔、泰国拔、无籽拔、胭脂红、七月熟等。番石榴为热带植物，喜温暖湿润、好光，在光照充足的环境下结果早、品质好。耐旱、耐湿，对土壤要求不严。

园艺应用

番石榴四季常绿，全年生长结果，果实可食可赏，多作果树栽培，也适于庭院、公园、绿地孤植，或列植于路边、建筑物观赏，还是家庭较易栽培盆栽观果花木。果实供鲜食，清脆香甜，爽口舒心，常食不腻，是非常好的保健食品。也可加工为果汁、果酱、果脯，是目前我国港澳台和东南亚地区最畅销的水果之一，其开发前景极为广阔。

食用功效

番石榴含丰富的维生素C、丙氨酸和胱氨酸，可增加食欲，促进儿童生长发育，国外用番石榴汁作婴儿饮料；还能养颜美容、健脾胃，改善牙龈出血，预防坏血病、癌症，提高免疫力，其中钾、铁含量胜于其他水果，有助于预防皮肤老化，排除体内毒素，促进新陈代谢，调节生理机能，对预防高血压有益。有降血糖作用，对改善糖尿病症状有较好的效果。此外，它含碱性涩味，能制止胃酸发酵，收敛肠黏膜，多食可止泻。

药用价值

番石榴2个捣烂，以水煎服，每天喝3次，可治急性腹泻。果实具有健脾消积、收敛止泻、消炎解热、止血、燥湿止痒的功效，主治食积饱胀、疳积、腹泻、痢疾、脱肛、血崩等，还有改善头痛、风湿痛、糖尿病、急性肠炎的功能。未成熟番石榴含鞣酸，有助止泻、消炎，民间用未成熟的果盐渍或晒干研末后食用，可治小儿食积，也有驱虫作用。番石榴叶对改善腹痛、肠炎、呕吐、腹泻、风湿有帮助；鲜叶，外用治跌打扭伤、外伤出血及臁疮久不愈合。据实验，叶的醇浸出物和水煎剂对金黄色葡萄球菌有抗菌作用，用于消炎有一定效果。果皮有治糖尿病的效果。取番石榴110克，捣烂取汁，每天3次，于饭前饮用，对降血糖有益；或番石榴叶、番薯叶各适量，洗净，水煎服，代茶饮。

健康提示

适用于一般人群，尤适宜生长发育期儿童、高血压、糖尿病、肥胖症及肠胃不佳者食用。便秘者、肾病患者及体质燥热的人不适用。

选购宜忌

青熟果以果实大、皮色深绿或白绿、果面光泽、形状正常、无凹凸、黑点者为佳。黄熟果以皮色灰黄、香气浓、无小凹黑点或虫蛀者为佳。购后纸袋包好置于冰箱冷藏。

61. 苹婆

简介

苹婆，别名：凤眼果、罗望子等。花期3~5月，果期7~9月。可二次开花，8~9月开花，12月中旬开始果熟。原产于中国南部，野生山坡林内或灌木丛中。广东、广西、福建、云南、贵州、台湾等地区均有栽培，以台湾、广东珠江三角洲栽种较多。印度、越南、印度尼西亚、斯里兰卡和日本等国也有分布。西方少有栽培。性喜温暖，

耐湿，适应性强。喜光，也耐阴，不耐寒。对土壤要求不严。生性强健，生长快，萌发力和再生力都较强，产量高，寿命长。

园艺应用

苹婆树姿挺直，树冠整齐，姿态优美，叶面宽阔，翡翠碧绿，花态、果形均奇特，粉红花朵，好似吊在枝头上的美丽灯笼，盛开之际，宛如万盏华灯齐放，种子大如鸽卵，由红色天鹅般的果荚包裹，熟透开裂时，好似凤凰鸟睁开眼睛，极为美丽壮观，宜于公园、庭院、小区或街道、风景名胜区作为庭荫树、园景树或行道树。更适于高楼层住宅区作绿化美化栽植观赏。木材坚硬、纹理直，可作农具和家具用材；树液中所含的树胶是用途广泛的工业原料；树皮纤维可用来制作绳索及麻袋等，是一种经济效益较好的园景树种。

食用功效

　　苹婆营养丰富，果实含糖类、脂肪、粗纤维，并含维生素、矿物质磷、钙等多种营养成分，可提供人体所需的营养与热能，能调节机体新陈代谢，提高人体的抗病能力，强身健体。种子经煮或炒熟后方可食用，珠江三角洲一带的苹婆种子炒肉，味极美。苹婆叶能散发出一股素淡的香气，深受广东惠州一带农家青睐，常以之包裹糍粑馈赠亲友。

药用价值

　　《食物本草》载：苹婆"治脏腑生虫及小儿食泥土，腹痛，癖块积硬。养肝胆，明目去翳，止咳退热，解利风邪，清烦降火。"《生草药性备要》云："治小儿生天婆究（小儿烂头疮）煅存性，开油搽；清热气，煲肉食。"苹婆性平味香，有温胃健脾的作用，果荚入药，和蜜枣、陈皮煎服，可治血痢、疝痛、反胃吐食等症。治腹中蛔虫上攻，心下大痛欲死，面有白斑：苹婆子、牵牛子各7枚。水煎服。

健康提示

　　适用于一般人群。种子不能生食，一次不宜多食，脾胃虚弱、消化不良者不宜食用。

选购宜忌

　　以种子大而饱满、种皮黑有光泽者为佳。

62. **柚子**

简介

柚子，别名：文旦、气柑等。花期4～5月，果期 8～10月。原产于中国热带、亚热带广大地区。栽培 区以陕西、四川、贵州、湖北、湖南、广东、广 西、福建、浙江、台湾等地区为主。主产区为 福建、广东等南方地区。柚子的品种已达40余 种，如脆香甜柚、容县沙田柚、漳州坪山柚、 琯溪蜜柚、江津红心柚、五步柚、梁平平顶 柚、台湾文旦柚等。性喜温暖、湿润的气候，不 耐干旱、不耐久涝、不耐贫瘠，较喜阴，是柑橘类 中需光较少者。对土壤要求不严，以肥沃、疏松、排水 良好的中性或微酸性沙质土壤为佳。

园艺应用

柚枝繁叶茂，浓绿光亮，四季常青，可作为观叶、观果树种。除成 片果园栽培外，可栽植于庭院、公园、风景区、道路两旁、假山之旁或列 植、丛植于草地边缘观赏。柚子果型较大，外形浑圆，被南方民间视为亲 人团圆、生活美满的象征，是中秋佳节应景水果；又常用来作为果品花篮 的主体材料。也可盆栽于庭院、厅堂、案头、窗台等处观赏，其所散发的 挥发油具有较强的杀灭空气中的细菌的能力，能净化空气，有益健康。柚 子可鲜食，果肉制蜜饯、柚饼、罐头、果汁等食品，且皮厚耐藏，存放3个 月也不失香味，故有"天然水果罐头"之称，颇受消费者青睐。

食用功效

现代药理研究证明，新鲜的柚果汁含有类似胰岛素的成分，可降低 血糖，是糖尿病患者的首选果品；又含生理活性的柚皮苷，与其他黄酮类 有抗炎与改变毛细血管通透性的作用，可降低血液的黏滞度，减少血栓形成，并能降低血小板的凝集和增快血流，对肥胖症及心血管疾病有辅助治疗效果；还能使人体更容易吸收钙及铁质，增强体质。柚子中的钾是降低高血压的天然微量元素，几乎不含钠，是心脑血管疾病及肾脏疾病患者的最佳食疗水果；所含大量维生素C、维生素P能保护血管，改善血液循环，降低胆固醇，对脑血栓、中风等有较好的预防作用；还具强化毛孔的功能，加速复原受伤的皮肤组织；所含天然叶酸，对孕妇有预防贫血症状发生和促进胎儿健康发育的作用。常食可促进伤口愈合，对败血症等有良好的辅疗作用。体外实验中发现其有抗癌、抗突变、防止肿瘤细胞增殖和扩散作用。

药用价值

中医认为，柚肉性寒，味甘、酸。有止咳平喘、清热化痰、消肿止痛、利咽消炎、健脾消食、解酒除烦的医疗作用，是味芳香健胃消化剂，治胃病、消化不良、慢性咳嗽、痰多气喘，可降低胆固醇与血糖等症。柚子外层果皮，为常用中药化橘红，具化痰、消食、下气快的功能，是治疗老年慢性咳喘及虚寒性痰喘的佳品。还可治气郁胸闷、脘腹冷痛、泻痢、疝气、喘咳等。柚叶有行气止痛，消炎利湿，解毒消肿的功能。能消痛风、寒湿痹痛、食滞腹痛、扁桃体炎、乳痈、中耳炎。柚花具有理气宽中，化痰止咳的功能。治胃脘胸膈胀痛。柚根具有理气止痛、散风寒、消积、解毒的作用。疗胃脘胀痛、疝气疼痛、风寒咳嗽。口臭、恶心呕吐：柚子1只去皮绞汁、陈皮9克、生姜6克。加红糖适量同煎饮服，每日1剂，连饮数日。

健康提示

适用于一般人群。尤其适宜痰多气喘、慢性支气管炎咳嗽、胃痛、心脑肾病患者食用。寒性体质、脾胃虚弱、胃酸过多、习惯性腹泻、贫血等症状者不可多食；血糖低者不宜生食；孕妇或气虚者忌食。不宜长期大量食用，否则会造成肝功能受损。

选购宜忌

选上尖下宽、果形正常、果皮淡黄、薄而光泽、毛孔细、果实重、有弹性、香气浓者为佳。同一品种以体大果重者为好。白肉类要优于红肉类。塑料袋密封，置阴凉干燥处可保存数月。

63. **番樱桃**

简介

番樱桃，别名:红果仔、巴西红果等。花期3～4月，果期5月。9～11月可第二次开花结果。原产于巴西南部热带地区。目前在世界上作为广泛果树栽培，以巴西的巴依亚、里约热内卢等栽培较多，美国、西印度群岛、欧洲地中海沿岸、印度、斯里兰卡、菲律宾等地区也有栽培。中国南方地区，广东、福建等地主要作为园林观赏树栽培，也作为大中型室内观叶、观果盆栽或盆景栽培。主要优良品种有2个类型，一类为果实鲜红，另一类果实深红至黑色，果甜，树脂含量少。性喜高温、多湿和阳光充足的环境。有一定的耐阴能力，也耐瘠、耐旱。对土壤要求不高。

园艺应用

番樱桃枝繁叶茂，火红嫩枝叶与四季常绿老叶红绿相映，色彩斑斓；纵棱果形似小南瓜、小灯笼，成熟不一的果实，分散、垂吊于枝上呈现出多种不同色彩的果实，像红灯笼高照，奇特、夺目、可爱、观赏性极佳，在华南地区普遍受到欢迎。公园路边、水岸边、庭院、校园内等处作为道旁观赏植物，可食也可观果，也是盆栽或盆景极好的观叶、观果极佳的树种。树皮含单宁，可用于制革业。树叶可驱蚊蝇，花是极好的蜜源。

食用功效

果实富含营养成分，含有蛋白质、脂肪、糖类、维生素、粗纤维、钙、磷、铁、核黄素、烟酸等，尤其富含胡萝卜素，每百克果实中含量达1.12毫克，在美国被认为是优等的维生素A源果品。医学专家指出，长期对着电脑的人应该补充维生素A，若不及时补充维生素A及相关营养，易产生眼痛、视力下降、怕光等症，常食对这类人群大有裨益；富含铁、钙等矿物元素，可促进血红蛋白再生，既可预防缺铁性贫血，又可增强体质，健脑益智。果实柔软多汁，味酸甜，有草莓芳香，可鲜食，又用于制糕点、清凉饮料、脆饼、果冻、冰淇淋、果酱等。

药用价值

番樱桃性温，味甘、微酸，具益脾胃、补血滋养、滋肝肾、润肌肤、祛风湿等功效，用于贫血、病后体弱、咳嗽、腹泻、缓解关节的不适症状，对高尿酸血症的治疗有辅助作用。在巴西，树叶提取物可作为健胃解热和收敛剂等药用。叶片提取物还可以生产番樱桃醇、番樱桃酚、番樱桃酮、香茅醛、香叶醇、桉树脑、萜品烯、倍半萜烯和多萜烯等，用于制药工业。

健康提示

适用于一般人群。溃疡症状、易上火者慎食。

选购宜忌

以粒大、饱满、色鲜有光泽、无伤痕者佳。宜冷藏保存。

64. 香橙

简介

　　香橙，别名：黄果、广橘等。花期4～5月，果期9～11月。原产于我国东南部，主产于广东、湖南、湖北、广西、四川、江西、福建和台湾等省区，现广植于世界热带、亚热带地区，为全球最多的主要水果之一，品种繁多，主要有血橙、脐橙、夏橙、抑叶橙、香水橙、锌橙、新会橙、美国新奇土橙、鹅蛋橙、冰糖橙等。性喜温暖湿润的气候，需水大，不耐旱，对土壤要求不严。

园艺应用

　　橙树树姿挺立优美，枝叶茂密，浓绿光亮，四季常青，花果交相辉映，香飘四溢，如诗如画，令人陶醉，是观叶、观果优良树种，既可单独建苑绿化园林，又可栽植于道路两旁、假山之旁，或列植、丛植于草地边缘，还可栽于房前屋后、门侧、窗前作绿化、美化观赏栽培。又可培育矮化植株制作盆景，入冬后，置于几案、柜台，便是一盆雍容华贵的盆景。带枝叶的小"橙子"作瓶插，则满室生香，别有一番情趣。甜橙整齐漂亮，色金黄艳丽，美味可口、清香浓郁、营养均衡，是日常生活中非常受欢迎的保健佳果，也是走亲访友、探望病人的礼品水果之一。

食用功效

　　现代医学认为，橙子含橙皮甙，能降低毛细血管的脆性和血液的黏滞度，防止微血管出血，减少血栓的形成；富含维生素C、维生素P，能增强机体抵抗力，增加毛细血管的弹性，降低血中胆固醇，减少胆结石的发生。橙汁内含类黄酮和柠檬素，可增加体内高密度脂蛋白的含量，降低患心脏病概率。美国一项研究证实，若能每天喝至少半杯橙汁，可有助降低脑卒中的风险。橙汁含有大量维生素C和胡萝卜素，具有抗炎症、消除体内对健康有害的自由基、强化血管、抑制凝血和多种癌症发生的作用。还可预防胆囊疾病。此外，橙子所含的纤维素和果胶物质可促进肠道蠕动，利清肠通便，排除体内有害物质。其散发的气味有助于舒缓心理压力、有助于女性克服紧张情绪。

药用价值

　　清热解暑，生津健脑：橙子250克，柠檬15克。二者去皮核，加凉开水250毫升，白糖25克，冰块100克，搅拌1分钟，过滤取汁，每日1剂分2次饮用。据《开宝本草》等多部医籍记载，甜橙性凉味酸甘，有和中开胃、清热生津、宽胸利气、消痰止呕、解渴醒酒等功效。主治热病伤津、身热汗出、口干舌燥、咳嗽痰喘、纳呆脘闷、酒醉口渴等症。橙皮味甘苦，性温，无毒。行气化痰，健脾温胃。主治食欲不振、胸腹胀满作痛、腹中雷鸣及大便或溏或泻。其含0.93％～1.95％的橙皮油，对慢性气管炎有效；又橙皮煎剂能抑制胃肠及子宫运动。橙籽：做面膜有紧致肌肤的作用，又治风湿。将风干的橙籽焙炒，将油分炒干，不要炒焦。研成粉末，每次3～5克，饭后，温开水冲服。长期坚持能治疗风湿。

健康提示

　　适用于一般人群。尤其适合口臭、高脂血症、高血压、动脉硬化、便秘、病后复原、肝经气滞引起胁肋疼痛、心情抑郁、乳房胀痛、痛经、身体老化及宿醉者饮用。脾胃虚寒、腹泻腹痛者禁食；糖尿病、大病、久病者忌食；健康人与贫血者不宜多食。饭前或空腹也不宜食用。忌与螃蟹、蛤蜊同食。一次不能吃太多，否则出现中毒症状，即老百姓常说的"橘子病"，医学上称"胡萝卜素血症"。只要停食即可转好。

选购宜忌

　　挑个大、果皮光滑、厚薄均匀、有点硬度、手掂沉重、香气浓者为佳。橙子分开、不重叠、置于通风阴凉处，以免生热霉变。冰箱储存，用网兜装好。保存得当，可保鲜3～4个月。

65. 薜荔

简介

薜荔，别名：凉粉查、牛奶油，广东、广西一带称王不留行。花期5~6月，果熟期10月。产于我国中部和南部。野生于山坡树林间或断墙、石缝上，大多生长于平原、丘陵和山麓。分布于山东、安徽、江苏、浙江、福建、台湾、广东、广西、江西、湖南、湖北、四川、贵州、云南及海南等地区，越南、日本、印度也有。为暖地树种，喜温暖湿润气候。喜光也耐阴，有一定耐旱、耐寒性。不择土壤，适生于含腐殖质的酸性土壤。

园艺应用

薜荔茎干柔韧，株态匍匐，枝条节密，叶制裁敦实，色泽亮绿，凌冬不凋，覆盖性能好，春夏之交鲜花、荔果着满枝头、轻盈摇荡，艳丽夺目，为优良的观叶、观果植物，宜于南亚热带的广大地区作为园林、庭院绿化美化栽培；是营造四季绿墙垂直绿化的优良材料，它不定根发达，攀缘及生存适应能力强，被用于绿化美化屋面、崖壁、山石、护坡、护堤，既可保持水土又可观叶、观果，也可盆栽观赏。也具有较强的杀灭空气中的细菌的能力，对净化空气有很大作用。未成熟花序，切下炒食或煮食；成熟荔果剥皮生食，也可制成凉粉。由于薜荔的药用价值和薜荔食品的低热量、高保健的特性，导致国外市场供不应求，其开发与利用潜力大。

食用功效

薜荔富含营养物质，成熟果实剥皮可生食，果实中含一种凝胶质样物质，水解生成葡萄糖、果糖，为制凉粉的原料。本凉粉具有清热凉血、生津止渴的功效，适宜中暑患者食用。现代医学研究表明，薜荔中含有脱肠草素、佛手柑内酯等，具有抗风湿的作用，可用于治疗风湿痹痛；含大量的酸性物质，具收涩之功，可治疗因肾虚精室不固而导致的遗精、阳痿等病症；茎叶和花序托具有抗肿瘤、抑制癌细胞生长的作用，可以防癌抗癌。薜荔种子油含量高，其中亚麻酸、亚油酸、油酸的含量较高，它们是人体最重要的必需脂肪酸，且是不饱和脂肪酸，可与胆固醇结合，对防治心血管疾病有良好的效果。此外，还具抗动脉硬化、降低胆固醇、解痉和抗辐射的作用。

药用价值

中医认为，薜荔性平，味甘、酸。具有壮阳、固精、活血通经、下乳消肿、祛风利湿、湿热解毒的功效。民间用以治疗乳糜尿、风湿痹痛、肾虚腰痛，并对乳汁不下、遗精、久痢、淋浊、便血、恶疮、痈疽、各种疥癣、咽喉肿痛、疮疖、跌打损伤等有一定疗效。还可将鲜果洗净切开入瓦罐，加白酒和清水，中火煎20分钟后，加入红糖，搅拌溶化即成。每日1次，晚上睡前服，有通经活络、水肿止痛的效果。《神农本草经》记载可治"金疮止血、逐痛、出刺、除风痹内寒、止心烦、鼻衄、痈疽恶疮、瘘乳妇人难产。"《本草纲目》曰：有"固精、消肿、散毒、止血、下乳。"近年研究证实，其花粉对习惯性便秘、贫血、高血脂、前列腺疾病、内分泌失调及延缓衰老有疗效。

健康提示

适用于一般人群。尤以宫颈癌、乳腺癌、大肠癌、食道癌、恶性淋巴瘤患者为宜。脾胃功能较差者不宜多食，胃及十二指肠溃疡者忌食。血症及孕妇忌用。

选购宜忌

以粒饱满、色黑者为佳。

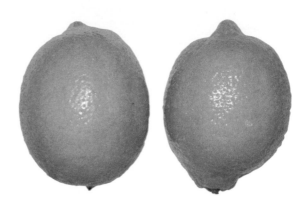

66. 香橼

简介

香橼，别名：枸橼、香桃等。花期4~5月，果期9~11月。原产于我国南方，多为栽培。主产于江苏、浙江、福建、广东等地，香橼以云南玉溪、丽江、思茅、文本、柳州为主产区，越南、老挝、印度、缅甸等也有栽培。喜温暖湿润、阳光充足、雨量充沛的气候，不耐旱，有一定的耐寒性，适生于肥沃排水良好的沙质壤土中。其移栽成活率比其他树种高，且树形恢复快，次年就能挂果。北方盆栽冬季需入温室。

园艺应用

香橼浓绿光亮，枝繁叶茂，四季常青，一年多次开花。春天，色白的花朵挂满枝头，芳香宜人，沁人心脾；金秋，果色金黄，悬垂枝头，倍增秋色，是一种不可多得的芳香型高级景观树种，适合栽植于道路两旁、假山之旁，或列植、丛植于草地边缘、山亭前或屋宅前，可以美化环境及净化空气。盆栽为冬季优良观果植物，摆在桌几上，满室馨香，增添典雅的气氛。且对二氧化硫、氯气、氟等有害气体抗性强，可作为长江以南地区工矿污染区的绿化树种。常用作砧木。果实外皮厚，切开白色如脂肪，可直接食用，还可制蜜饯，酸甜可口。还是江浙一带的一种吉祥物，民间结亲时少不了它。

食用功效

香橼果肉含大量维生素C、维生素P，具有防癌抗癌的作用；还能改善心肌功能，增加机体抵抗力，又能预防感冒，医治伤风，增强体质；还含枸橼酸、橙皮甙、柠檬酸、苹果酸、果胶、鞣质挥发油，对胃部及肠道有刺激作用，能兴奋胃肠，使蠕动增强，有效排除肠内积气，有轻微利尿、祛痰、消炎的作用；又有降低肠平滑肌张力和解痉的作用，对慢性胃炎、神经性胃痛疗效较佳。香橼中含大量果酸，能降低人体血液中的胆固醇浓度，防止脂肪在血管壁上堆积，对肠胃消化系统具有良好的清理作用；还含橙皮苷等多种成分，能降低血管脆性、增强血管韧性，又能抑制胃溃疡和胃酸分泌过多。干果和果脯具化痰开胃、助消化、减少胃酸的作用。也可用食盐腌制后，取适量煲鸭汤饮食。

药用价值

香橼味辛、苦、酸、性瘟。入肝、脾、肺经。具舒肝解郁、理气宽中、和胃降逆、化痰止咳的功效。用于肝胃气滞、胸胁胀痛、脘腹痞满、呕吐嗳气、痰多咳嗽。本品如用酒煎，可治痰多咳嗽，有健脾消痰止咳之功。中药处方的香橼、香圆，为原药去杂质，润透切片生用入药。香橼片又名香橼皮，为果实近熟时摘下，趁鲜剥去瓤及子，切片晒干入药，其理气化痰作用更为显著。陈香橼又名陈极香橼，为香橼之陈久者，习以为佳。炒香橼又名炙香橼，为香橼片用麸炒至微黄略带焦斑入药者。肝胃不和、脘腹胀痛、呕吐噫气、食少：香橼、陈皮、香附各10克。水煎服，每日2～3次。

健康提示

适用于一般人群。阴虚血燥及孕妇气虚者慎服，以免损伤正气。

选购宜忌

以果实个大、皮粗、色金黄、香气浓者为佳。装于容器内，密封保存于干燥处，防虫蛀。

67. 哈密瓜

简介

哈密瓜，维吾尔语称"库洪"，源于突厥语"卡波"，意思即"甜瓜"，是甜瓜的一个变种。全年有产，3～11月为盛产期。分为早熟夏瓜和晚熟冬瓜，有180多个品种及类型。我国只有新疆和甘肃敦煌一带出产。除少数高寒地带之处，大部分地区都产。南疆的伽师县、哈密和吐鲁盆地为主要产区。著名品种有纳西甘、可口奇等，尤以"红心脆"、"黄金龙"品质最佳。对环境要求很

高，要有夏季高温、空气干燥、雨水稀少、日照时间长、昼夜温差大等众多自然条件。

园艺应用

哈密瓜素有"瓜中之王"的美称，其含糖量为15%左右，包括果糖、葡萄糖和蔗糖。味甘如蜜，奇香袭人，享誉国内外。其营养丰富，含有蛋白质、膳食纤维、碳水化合物、类胡萝卜素、果胶、维生素A、维生素B、维生素C及铁、磷、钠、钾、镁等微量元素，其中铁含量同比其他食物高很多，是天然的保健果品。用瓜干、杏干、葡萄干掺和大米做的甜瓜饭，是当地富有独特民族风味的食品。如今哈密瓜已引种国内许多地方。

食用功效

现代医学研究表明，哈密瓜对人体造血机能有显著促进作用，为贫血患者的食疗佳品。每天食用适量可补充维生素A、维生素C，确保机体正常新陈代谢，增强抵抗力、防止感冒，还能明目。哈密瓜甜瓜类的蒂含苦毒素，具有催吐作用，能刺激胃壁的黏膜引起呕吐，适量内服可急救

食物中毒，而不会被胃肠吸收，是一种很好的催吐剂。所含B族维生素、类胡萝卜素，是种较强的抗氧化剂，可防止细胞受到有害物质伤害，可预防结肠癌、肺癌、子宫癌、乳腺癌及白内障的发生。法国巴黎某大学研究指出，哈密瓜中富含抗氧化剂，它能有效增强细胞的抗晒能力，减少皮肤黑色素的形成，能有效防止日晒斑，将瓜汁浓缩后晾干成为药片作为防晒霜。此外，还富含钾，每100克果肉含钾离子200毫克，且钠及脂肪含量较低，能够降低血压，是高血压患者的理想水果。

药用价值

用哈密瓜1～2个，西瓜500克。二者去皮，绞汁饮用，每日2～3次，或生食哈密瓜。可防暑热中暑、小便不利。中医认为，果肉性质偏寒，具有疗饥、益气、清沛热、止咳利小便、止渴、除烦热、防暑气等功效，适宜于肾病、胃病、咳嗽、痰喘、贫血、便秘、发烧、中暑、口鼻生疮、口渴、小便不利等症状，常感到疲倦、焦躁或口臭者，食之清热解燥。瓜籽清热消痰、润肠，生食不逊于其他瓜籽，可排除结石、便秘，治疗脓疮与咳嗽。鲜瓜皮清热、消肿、通便、利尿、消暑烦、治咳嗽、发热、水肿、便秘等症，又可作牲畜饲料；制成土农药可杀油毛虫、蚜虫。花可提取香料，叶可作饲料。茎含黏性大的胶质，可作建筑、造纸原料。健胃整肠：哈密瓜200克去籽，芹菜根切断，香菜5克切碎，共捣汁饮用，有助排毒。清热去火：哈密瓜、猪排骨各适量，炖食。

健康提示

老少皆宜，尤其适用于贫血、便秘、中暑、烦热口渴、口鼻生疮、癌症患者、有口臭的人食用。其性凉，不宜多食，以免腹泻；患脚气病、黄疸、肾功能衰弱、腹胀便溏、咯血、吐血、水肿、寒性咳嗽等疾病的患者及产后、病后的人不宜食用。

选购宜忌

选皮色浅黄绿、上布青色斑点、网纹粗而称、有香味、果蒂连接处出现裂痕的品质极优。疤痕越老越甜；瓜的纹路越多、越好吃。要低温储存，若切开未能食完，保鲜膜封好置冰箱冷藏，保存5天左右。

68. 柠檬

简介

柠檬，别名：果木子、柠果等。花期4～5月，果期9～11月。原产于亚洲。产地为地中海沿岸，东南亚和美洲等地，我国台湾、福建、广西、广东等地有栽培。四川省资阳市安岳县是我国唯一的柠檬商品生产基地，是中国柠檬之乡。美国、意大利、希腊、西班牙为主产国，尤以美国和意大利是柠檬的著名产地。而法国则是世界上食用柠檬最多的国家，栽培品种有数十个，主要是尤力加、里斯

本香柠檬等。性喜阳光充足、温暖的环境，是柑橘类中最不耐寒的种类之一。喜湿润疏松、肥沃和排水良好的微酸性土壤。

园艺应用

柠檬多作为果树栽培，也适合在庭院、公园、风景区等绿化栽培观赏。制作成盆景摆放在书房、客厅、几案、阳台等向阳处观赏。其果实多汁，浓郁芳香、味苦极酸，在水果大家族中，味道最酸的当属柠檬了，不宜生食，多加工成柠檬汁，与甜橙汁和柑橘汁、葡萄汁是世界销量最大的四大果汁，还可制成柠檬茶、汽水、果露等饮料及糖渍、腌制品、果酒、蜜饯。又是制作柠檬香脂、润肤霜和洗发剂的重要工业原料。英国人在饮用红茶时都喜欢加入一小片鲜柠檬，使茶水更加芬芳。挤出汁可代替醋使用，烹制肉排、乳鸽、海鲜等菜肴时，滴入几滴柠檬汁，可使菜肴味道更鲜美，香气四溢。

食用功效

现代医学分析表明，柠檬含烟酸和丰富的有机酸，柠檬酸汁中的柠檬酸盐有很强的杀菌作用，对食品卫生很有好处，且能抑制钙盐结晶，能

预防肾结石；而富有的香气，能解除肉类、水产的腥膻之气，并能使肉质细嫩，还能促进胃中蛋白分解酶的分泌，增加胃肠蠕动；柠檬酸还有收缩、增固毛细血管，降低通透性，提高凝血功能及血小板的作用，可用于止血，常食用柠檬可预防高血压和心肌梗死；健康人口服1～3克柠檬酸粉，能加强肌肉工作能力，减轻疲劳。还含橙皮甙，柚皮甙可调节大脑神经和起到抗炎等作用。而富含的芦丁，可减少血中胆固醇，预防动脉硬化。此外，柠檬维生素C含量极为丰富，能增强血管弹性，辅助防治高血压，又能防止和消除皮肤色素沉着，具有美白作用；还有防止雀斑及血斑的作用。果皮含有黄酮类化合物，有很强的祛痰功效，又可杀灭多种病原菌，可净化空气。国外研究发现，柠檬中所含的一种特有成分圣草枸橼苷，可防止白内障等糖尿病并发症的发生。

药用价值

柠檬性平味酸，有生津止渴，祛暑下气，和胃安胎，利尿消肿，心烦伤津，消化不良，胃呆呕逆，消滞止痛，降低血脂等功效，用于暑热烦渴、腹胀、神疲乏力、纳呆脘闷、痛经闭经、功能性子宫出血、胎动不安、止呕等病症的治疗。《食物考》载，"浆饮渴瘳，孕妇宜食，能避暑"。《本草纲目拾遗》言其"腌食下气和胃"。柠檬叶有化痰止咳，理气和胃、止泻、解表温里，润肺化痰的功效，用于慢性支气管炎、气滞腹胀、咳喘痰多。果皮具行气、和胃、止痛、治脾胃气滞、食欲不振、脘腹胀痛的作用。根有行气活血、止痛、止咳等功效。花疗由高血压引起的头晕。柠檬汁杀菌力强，可化食、解酒、排毒、防感冒。冠心病：柠檬、红枣、山楂各30克。水煎饮服，每日2剂。

健康提示

适用于一般人群，尤适于消化不良者、维生素C缺乏者、孕妇、肾结石、高血压患者食用。但胃酸过多及痰多气弱者不宜多食，低血压、怕冷、感冒咳嗽、发烧及女性生理期阶段均不宜食，胃及十二指肠溃疡、龋齿、糖尿病患者忌食。不宜空腹食用。

选购宜忌

优质的柠檬果面光洁、色泽鲜艳，没有疤痕损伤，皮较薄，有浓郁芳香、酸味重、无苦涩，捏着较厚实，有弹性。可把切片后的柠檬放入密封容器再加入蜂蜜浸渍，置冰箱可保存1个月。

69. 芦柑

简介

芦柑，别名：乳柑、柑子、金实等。成熟期11~12月，原产于我国，有4 000多年的栽培历史。它具有果实硕大、色泽鲜艳、果皮有油胞、皮松易剥的特点，是其他柑橘类果实没有的特征。主要种类有温州蜜柑、蕉柑、黄柑、瓯柑、沙柑。其品种较多，有广东平蒂硬枝、高蒂软枝和早熟椪柑等品系，福建有硬芦、右芦和岩溪晚芦等品系，台

湾有高墙椪柑和普通椪柑品系。各地陆续选育出丰产、稳产、抗逆性的优良株系。性喜温暖湿润，各类土壤均能栽培。我国长江以南各省区的气候大多适宜栽培，但有些地区冬季要注意采取防寒措施。

园艺应用

芦柑树姿优美、常绿、果色艳丽，除专业果园栽培，宅园、庭院等处点缀数珠，既美化、绿化环境，还可供盆景；果除鲜食外，还可制果汁、果酱、糖水橘瓣罐头、果酒、果冻等；果皮可提取果胶、香精油酒精和柠檬酸，为食品工业的重要原料；花香多蜜，也是重要的蜜源植物；果皮、橘络、幼果是常用药材。芦柑投产早，质量高，经济效益大，可供出口创汇。因此，发展芦柑生产对农村经济建设具有重要意义。

食用功效

芦柑果内含蛋白质、脂肪、纤维、钙、磷、铁、多种维生素及苹果酸、菸碱酸、柠檬酸等成分，是人体组织中不可缺少的物质，常食可增进人体健康，还可分解脂肪，排泄体内积累的有害重金属和放射性元素；果实富含维生素A和维生素C，可预防斑点、雀斑、荨麻疹等肌肤病症；对维护视力、防治坏血病、感冒、滋润肌肤、提高免疫力大有裨益。日本学者研究认为，吃柑橘的人患冠心病、高血压、糖尿病、痛风的概率比较低；而美国学者研究证实，食用柑橘可降低沉积在动脉血管中的胆固醇，有助于使动脉硬化发生逆转。而橘络含丰富的芸香柑，对降血压、止渴、治吐酒有效；果皮具有良好的抑制癌症的效果，也含芸香武，对治疗胃溃疡、肾脏病及感冒有效。以顺气止咳、化痰消肿、疏肝理气、安抚焦虑、生津止渴、润燥和胃、利咽喉、利尿醒酒。用于胸膈烦热、口干欲饮、咽喉疼痛、酒热烦热、食少气逆、小便不利、脘腹冷痛、痛经、疝气等症。临床广用于治疗坏血病、夜盲症、皮肤角化、呕吐胃寒、胸闷肋痛、肋间神经痛等症。柑皮有祛痰平喘，消食顺气的作用。适量煎水代茶饮，可治咽喉疼痛。柑皮精油有保湿、激活肌肤和防止老化的功效。柑核性温，有温肾止痛，行气散结的功效，是治疗肾冷腰痛、小肠疝气、睾丸偏坠肿痛的良药。老年性气管炎：鲜芦柑1个，加适量冰糖，生姜2~3片。水炖约30分钟，即成温饮。

健康提示

适宜一般人群。风寒咳嗽、痰多咳嗽者不宜食用。忌与红萝卜、黄瓜及动物肝脏同食。吃后1小时内不要喝牛奶。一次不宜食用过多，以免上火引起"橘黄症"。

选购宜忌

以果实大而丰圆、果皮呈深橙黄色、无黑斑或黑皮者为佳。挑选时要捏捏，干瘪者多是空鼓的，不要购买。可置冰箱内冷藏。内心已腐败者不可食。

70. 酸橙

简介

　　酸橙，别名：代代、回春橙、枳壳等，它是酸橙的变种，一年可开花多次，以春夏开花最多。果实当年冬季为橙黄色，翌年夏季为青色。7~8月采摘未成熟青果，横切两半烘干或晒干，药用称"枳实"；12月成熟果实药用称"枳壳"。原于产中国东南部，浙江、江苏、福建、广东、贵州、四川均有栽培。以苏州、扬州、杭州、黄岩、福建等地区为著名产区。性喜温暖湿润、雨量充沛、阳光充足的亚热带气候。耐热、不耐涝、不耐旱。对土壤要求不严。

园艺应用

　　酸橙枝繁叶茂，四季常青，芳香白花，鲜红果实，奇特别致，袭人芳香，令人倾心，是庭院、园林中珍贵的观花、观果树种。尤为珍奇的是，同棵树上，隔年的花果共存，几代果子也健在不腐同挂，犹如"三世同堂"，

因此，又有代代之称。其花果的挥发油有较强的杀菌能力，是上佳的观果盆栽树种。适合栽植于道路两旁、假山之旁，或列植、丛植于草地边缘、墙垣边或水岸边观赏。将盆景陈设于会客厅、办公室或用来布置会场，既典雅别致，又可净化空气。酸橙果实内果汁含量很高，其维生素C、氨基酸的含量位于柑橘类之首。通过深加工，可生产罐头、饮料、蜜饯等。酸橙子磨成粉末，可制面膜，有紧肤美白效果。酸橙皮能磨去死皮，促进皮肤新陈代谢，提高皮肤的抵抗力。花蕾还是女士们喜爱佩戴的高雅装饰花，又可窨制酸橙花茶，提取的酸橙花精油，滴入纯净水喷雾，可缓解焦躁情绪及头疼、头晕。还可用作饮料、面包、糕点等食品的香料，在南方地区，每逢新春佳节，家家户户都喜欢摆上两盆绿叶婆娑、金果悬垂的代代花，以展示全家一年的丰收景象并象征着大吉大利。因此，博得人们的喜爱，尤其老年人特别喜爱培育它、观赏它。

食用功效

酸橙果入药，秋冬采收。中医认为，枳壳味苦、酸，性微寒。具理气宽中、行滞消胀的功效。用于胸胁气滞、胀满疼痛、食积不化、痰饮内停、胃下垂、脱肛、子宫脱垂。花蕾味甘、微苦，性平，有调气舒肝、和胃止呕的功效。主治胸中痞闷、脘腹胀痛等。产后子宫下垂或脱肛：枳壳12～18克、黄芪、甘草各6克。水煎，一日2次分服。

健康提示

适用于一般人群。孕妇及脾胃虚弱者慎用。

选购宜忌

以外皮色绿褐、果肉厚、质坚实、香气浓者为佳。密闭置于阴凉干燥处，防霉、防蛀。

71. 花红

简介

　　花红，别名：沙果、林檎、五
色李等。为苹果属的一种，与苹果相
似，但较小，有小苹果之称。花红有
2种，甘者早熟，于夏季收获；酸者
秋熟。原产于我国西北地区，栽培历
史非常悠久。花红在我国黄河、长江
流域一带普遍栽培，变种很多，各地
称谓各异。山东有朱砂果等，河北有
热沙果等，陕西有蜜果等，甘肃有敦
煌大沙果等。据果形、色泽、香甜味

和成熟期，分为蜜果、斑紫、酸果、魁果四大类。主产地有河北、山西、
山东、陕西、甘肃、青海等，其次是浙江和江苏、河南、安徽的部分地区
有产。安徽省来安县盛产花红，质地最佳。性喜干燥、凉冷气候。喜光、
耐旱、耐瘠。喜土层深厚、肥沃、排水良好的微酸性沙砾土。

园艺应用

　　花红果形小巧玲珑，色泽艳丽，酷似苹果，故有小苹果之称，除在
果园栽培，也适合在公园、绿地或庭院美化栽培观赏，孤植、列植效果
均佳，若配置于房前屋后、门侧窗前，成熟时节，果香飘溢，众禽于林，
既是院中一大自然景观，也是一种效益较好的经济作物。还可作盆景栽培
欣赏。花红除生食外，还可用于制蜜饯、果酱、果干，酿酒及各种保健食
品，其营养成分不比苹果逊色，售价也比苹果低，深受消费者喜爱。

食用功效

花红含蛋白质、脂肪、碳水化合物、膳食纤维、胡萝卜素、硫胺素、核黄素、抗坏血酸、尼克酸、钙、磷、镁、铁、钾、钠，尚含叶酸、苹果酸等成分。花红富含有机酸及维生素等成分，食之有生津止渴、消食除烦和化积滞的作用。花红味酸涩而收敛，具有良好的涩精、止泻痢的作用，是泄泻下痢、遗精滑泄者的食疗良品。

药用价值

中医认为：花红性平，味甘酸，无毒。入心、肝、肺经。具有生津止渴、消痰化滞、泻火解毒、下气宽胸、和中止痛、涩精止泻的功效。用于夏季烦热、痰饮积食、胸膈痞塞、霍乱吐泻、口干烦渴、肠炎、痢疾、糖尿病、遗精等病症。《食疗本草》载：它"止消渴"，"主谷痢、泄精"。《滇南本草》曰：可"治一切冷积痞块，中气不足，似疟非疟，化一切风痰气滞"。熬食令人延年。花红根水煎服具有杀虫、驱虫的作用，对于治寸白虫、蛔虫等均有一定效果。花红的叶有泻火明目、杀虫、解毒的作用，可治疗眼目青盲、翳膜遮眼及小儿疥疮。花红榨汁疗消化不良、气滞不通，灭传染性病毒，还可有效治腹泻，预防蛀牙。小儿下痢：鲜花红50克，鲜枸杞子10克。共捣取汁服，每日数次。

健康提示

适用于一般人食用。尤宜夏季烦热、口中干渴、慢性泻痢及遗精者食用。花红涩敛，不宜多食；脾弱气虚者不宜食；糖尿病消渴、血栓闭塞性脉管炎、痛风、肝火旺、湿热内盛、易生疮疖及大便秘结者忌食。

选购宜忌

以果体均匀、果皮光滑鲜红、无虫蛀、无锈斑点、味甜带微酸、果实坚实而脆者，为花红中的上品。不耐储藏，宜鲜食。

72. 葡萄

简介

葡萄，别名：蒲桃、蒲陶、草龙珠等。花期4～5月，果期7～10月，是世界上产量最高的水果之一。原产于欧洲、西亚和北非一带，现世界各地广为栽培。我国是从西亚引入，已有2000多年栽培历史。葡萄是我国北方的主要水果之一。全球品种8000个以上，中国有800多个，以黄河流域栽培较集中，主产于新疆、甘肃、山西、河北等地。分鲜果、酿酒、制干、制汁、制罐五类。

主要有欧洲葡萄和美洲葡萄两大类。我国栽培历史较久远的品种有"龙眼"、"玫瑰香"、"无核白"、"牛奶"、"黑鸡心"等。系温带果树，喜温暖、干燥的气候，对温度适宜范围广。对土壤适应性强。

园艺应用

葡萄是地球上最古老的植物之一。每当秋高气爽葡萄成熟之际，叶绿浓阴，果实串串如玛瑙之晶莹，似珍珠之悬挂，自古以来是优良的庭院、园林、农庄等垂直绿化的观赏花木，常用于攀援棚架、门廊、墙垣或作长廊、大型休闲花架的覆盖、遮阴，观赏、食用兼而有之。其浆果多汁、酸甜适口、芳香浓郁、品种繁多、营养丰富，尤其是女性、儿童和体弱贫血者的滋补佳品，很受男女老少的喜爱。

食用功效

现代药理研究证明，葡萄中的糖主要是葡萄糖，极易被人体消化吸收，出现低血糖症状时，饮用葡萄汁，症状可迅速得到缓解；又可帮助器官移植手术的患者减少排异反应，促进早日康复。所含单宁及酒石酸，有健胃、助消化的作用，是治疗胃炎、肠炎等消化疾病的良药。含多种维生素及丰富糖类、卵磷脂，对保护肝脏、减轻腹水及下肢浮肿效果显著，还能提高血浆白蛋白、降低转氨酶。还含天然聚合苯酚，能与细菌或病毒中的蛋白质化合，使病菌失去传染致病能力，对脊髓灰质炎病毒、肝炎病毒有较好的杀灭作用。同时含有类黄酮，能抗衰老，消除体内自由基。此外，含有抗癌物，可防止健康细胞癌变，阻止癌细胞扩散。美国伊利诺大学的科研人员，从常见的无毒食物中寻找抗癌物质，他们发现葡萄的抗癌性最好。法国科学家研究发现，葡萄能更好地阻止血栓形成，降低胆固醇与血小板凝结，预防心血管疾病，还能起到抗癌的作用。葡萄皮和子是葡萄的精华，子中含有的原花青素是一种高效的抗氧化物质，其有很强抗的氧化作用。

药用价值

饭前嚼食几颗葡萄干，既能开胃口，又可补虚弱。多部医学典籍认为，葡萄有补益气血、强壮筋骨、滋肾阴、益肝阴、解毒利尿、暖胃健脾等功效，用于气血虚弱、肺虚咳嗽、心悸盗汗、烦渴、风湿痹痛、淋症水肿、痘疹不透等症。《滇南本草》称其"大补气血，舒筋活络"。泡酒服，既治阴阳脱症，又治盗汗虚症。汁治咳嗽；根祛风除湿、利尿，治风湿痹痛、水肿、小便不利、跌打损伤、疔疮痈肿，尤其对于治疗肝炎、黄疸效果很好；藤叶利尿、消肿、安胎，疗妊娠呕吐、浮肿等症效果好；葡萄皮有多种营养保健作用，适量食用有益健康，还颇具治病疗效。人们在食时，往往将皮吐掉，专家建议"吃葡萄不吐葡萄皮"营养更佳。葡萄子含丰富的抗氧化、抗衰老物质，对增强人体免疫力、延缓衰老效果甚佳，所以法国人食葡萄连皮带子一起食用。果制葡萄酒富含维生素B_{12}，对治疗恶性贫血有益，对机体也能起到营养强壮的作用。鲜葡萄汁、甘蔗汁各250克混匀，每日3次，疗声音嘶哑、排毒养生。

健康提示

适宜贫血、癌症、高血压、肝炎、肾炎、未老先衰者、水肿患者、孕妇、儿童等食用。便秘、脾胃虚寒者不适宜。多食易生内热、腹泻。忌与海鲜、萝卜、四环素同食。服人参者忌食。

选购适宜

挑选鲜食，以果穗完整、果粒均匀、大而饱满、结实、有弹性、果梗青鲜、表面完整、皮色光亮无斑痕、有果粉香味，拿起来抖一抖，果粒不掉者为佳。可先摘一颗果串底部的尝尝，若甜美，整串都会很甜。

食前一颗颗剪下，淡盐水浸泡一会儿，冲洗干净。食后刷牙或漱口，食剩的包好放冰箱保存。葡萄干以颗粒整齐、果皮皱纹紧实、味甜、无杂质者为佳。

73. **蒲桃**

简介

蒲桃，别名：香果、南蕉、水桃树等。花期3~4月，果期5~7月，原产于印度、马来群岛及中国海南岛，集中分布于亚洲热带地区，在亚洲亚热带至温带、大洋洲和非洲部分地区也有分布。本属果实可食用的有12种，其中作为果树栽培的有蒲桃、莲雾、海南蒲桃和马六甲蒲桃。栽培品种有3类：黑核种、近金种、白核种。中国栽培蒲桃至少已有几百年的历史，现主要分布于台湾、海南、广东、广西、福建、云南和贵州等省地区。性喜温热气候，喜光，耐旱瘠，耐湿，喜生长在河边等近水处，对土壤要求不严，深根性，枝干强健，适应性强，有一定的抗二氧化碳能力。易繁殖。

园艺应用

蒲桃树冠丰满浓郁，花繁枝茂，枝叶婆娑，周年常绿，速生快长，绿荫效果好，果实黄白色，可作园林、庭荫的绿化和固堤、水源涵养、防风的优良树种，也可适合公园、社区、庭院、校园等作风景树或行道树观赏，又开花量大，花粉和蜜均多，香气浓，是良好的蜜源植物。叶及果含腺点，可提取香精；花可用以窨制花茶；果汁经发酵，可酿制高级饮料机果酒，颇受消费者喜爱。

药用价值

蒲桃叶、花、果、种子及树皮可入药。果实具有开胃、爽口、利尿、清热等功能，能润肺、止咳、除痰、凉血、收敛；果浸酒有安胎和治呕功效，同时可治糖尿病；叶和花捣烂可治痘疮；种子可治下痢和赤痢。

健康提示

一般人群皆可食用。

选购宜忌

以果大、饱满、端正、淡黄熟果、摇动有声、无损伤者为佳。

74. 莲雾

简介

莲雾，别名：洋蒲桃、水石榴等，海南称"甜雾"。花期3~5月，果熟期5~7月。原产于马来半岛、安达曼群岛热带地区，是著名的热带、亚热带水果。马来西亚、印尼、菲律宾普遍栽培。我国台湾、海南、广东、广西、福建、云南和四川等省区均有栽培。17世纪引入我国台湾。台湾莲雾盛产于屏东、高雄县，其品质最佳，高品质莲雾被称为"黑珍珠"。依果实颜色分为鲜红、淡红、粉红、白色和青绿色5个品种，有发展前途的品种有：棒状莲雾（果乳白带绿）、泰国大果莲雾（果皮乳白色，品质好）和20世纪莲雾（台湾称凸脐莲雾，味甜，晚熟种）。在台湾省广泛栽植粉红品种，如黑珍珠和钻石莲雾。喜温暖、温润及光照充足的环境，不耐寒，对土壤条件要求不高。

园艺应用

莲雾果实呈钟形，艳丽夺目，挂果时间长，观赏性极佳，莲雾树在园林中可用于广场、绿地、校园、庭院做风景树、绿化树和蜜源树，也适合作行道树，果还可作插花的配料及制作果篮。也很适合作盆栽，观赏价值高。叶及果含油腺点，可提取香精。其果实中空（也有实的），状如蜡丸，宴会席上冷盘佳肴，鲜果生食，又可盐渍、糖渍、制罐头及脱水蜜饯或制成果汁，在春夏干燥炎热季节，作清凉解渴果品，深受消费者喜爱。

食用功效

莲雾中含有钾，有助于维持细胞健康，平衡体内的电解质与酸碱平衡；又含少量蛋白质、脂肪、矿物质，富含水分，在食疗上有解热、利尿和镇静的作用；且热量低，脂质少，多食可养颜美容，是现代女性多吃也不会发胖的绝佳美食，也是清凉解渴的圣品；还含叶酸和鞣酸，能清热、利尿、凉血，对高血压患者有益。

药用价值

莲雾性味甘平，能清热消暑、安定神经、去烦躁、利尿、消滞、润肺、止咳、祛痰、凉血、收敛，主治肺燥咳嗽、呃逆不止、痔疮出血、胃腹胀满、肠炎痢疾、糖尿病等症。台湾民间有"吃莲雾清肺火之说"，人们把它视为消暑解渴的佳果，习惯煮冰糖治干咳无痰或痰难咳出；小儿湿热胃肠病，莲雾蘸盐食用，能增进食欲，帮助消化；干果研末，肉汤送服，可治寒性哮喘和过敏性哮喘，果核炭研末可治外伤出血、下肢溃疡。

健康提示

适用于一般人群，尤适合糖尿病患者，肺燥咳嗽、痔疮出血、胃腹胀满、患肠炎痢疾者食用。脾胃虚寒、尿频者及糖尿病患者不宜多食。胃酸过多或患胃肠炎者不适合食用。

选购宜忌

挑果大、饱满、端正、果脐展开、果脊明显、果色均匀、无外伤者为佳。莲雾底部易藏脏物应冲水洗干净，盐水略泡再食，食时挖掉果脐，切除果柄。完好者可冰箱冷藏，但袋口别太紧。

75. 西瓜

简介

西瓜，别名：寒瓜、夏瓜、水瓜等。花期夏季。原产于热带非洲，现世界各地广泛种植。中国的西瓜是经红海、中东地区、印度传入栽培的，已有1 000多年历史，迄今遍布大江南北。我国是世界上最大的西瓜产地。北方干旱少雨，易生长；南方日照长，一年两熟或三熟，在海南省可随种随收。分为食用和子用西瓜两大类，食用有无子和有子西瓜之分；子用有红子和黑子西瓜之别。以用途不同分普通西瓜、瓜子瓜、小西瓜。常见的有黑美人、无子西瓜、花皮西瓜3种。西瓜属长日照植物，喜强光，耐旱力强，生育中需水量较多，也怕涝，要求排水良好、土层深厚疏松的沙质壤土，春植西瓜全生育期约100天。近来，市场有种方形西瓜，其繁殖简单，在瓜小时，放于透明四方体模具中，长大即成方形。运输和储存都方便。

园艺应用

西瓜是高产高效益的重要经济作物，是主要的夏季消暑佳品，素有"夏令瓜果之王"之美誉，是一种富有营养、纯净、食用安全、炎夏必不可少的果品。我国除西藏高原外均有栽培，其生长期较短，可单一种植，或与粮食、蔬菜、果树等农作物间作套种，且食用安全，它不含脂肪和胆固醇，男女老少均可放心食用。西瓜子香味纯正，久藏不生虫、不发霉，为茶余消遣和待客之佳品。

食用功效

近代医学认为，西瓜中的配糖体有降血压的作用，内含丰富水分、少量盐类和胰酶、瓜氨酸及精氨酸，能利尿、降压、消除肾炎等，能预防尿路结石的形成，对治疗胃炎、浮肿、黄疸、肝硬化腹水、膀胱炎等疾病均有帮助；含多种有机酸，能分解食物中的脂肪，增强食欲，助消化，排放胃肠道中的铅、汞毒素；瓜中的糖类能满足人体运动所需糖量，保持血糖平衡，防止肝缺氧性坏死。研究发现，瓜汁中的蛋白质酶，能将不溶性蛋白质转化为水溶性蛋白，帮助人体吸收蛋白质，起到美容、延缓衰老、清除体内的代谢废物、清洁肾脏及输尿管道的作用。西瓜皮富含多种营养物质，能消炎、降压、促进新陈代谢，减少胆固醇沉积，软化及扩张血管，提高抗病力，有效预防心血管系统疾病的发生。

药用价值

用西瓜、番茄各适量，绞汁，代茶饮用，防夏季感冒发热。中医认为，西瓜清热解暑，生津止渴，宽中下气，有利尿的功效。用于暑热烦渴、热盛津伤、小便不利、喉痹、口疮等症。营养学家也发现，西瓜的营养十分丰富，对健康有着非常好的功效。《食物本草》中称之为"天生白虎汤"。民间有"热天两块瓜，药物不用抓"的谚语。西瓜皮清热消暑，解渴利尿，治急性肾炎、水肿、肝硬化腹水、高血压、小儿夏季热。制作成西瓜霜，能清热泻火、消肿止痛，用于急性咽喉炎、急性扁桃体炎，对口舌生疮、乳蛾及喉痹也有一定的疗效。西瓜霜吹敷患处，有清热消肿的作用；西瓜子滋补、润肠，能和中止渴、助消化、治气管炎扩张久咳，炒食疗老年、孕妇便秘；根、叶清热利湿，治水泻、痢疾、烫伤、萎缩性鼻炎。种仁含油率达50％，榨油食用或做糕点配料、化工原料。糖尿病、尿浊：西瓜皮、冬瓜皮各15克，天花粉12克。水煎服，每日2次，每次半杯。

健康提示

老少皆宜。适用于高血压、急慢性胆囊炎、高热不退、烦渴、醉酒、口疮、浮肿、黄疸及美容养颜者食用。脾胃虚寒、湿盛便溏、胃炎、溃疡病者不宜食用，虚冷体质、糖尿病患者、肾功能不良、遗尿患者、长期应用糖皮质素患者及病后、产后及经期女性忌食。西瓜忌与羊肉同食。不宜多食，否则易伤脾胃，尤其冰镇西瓜。夏至之前和立秋后，体弱者不宜食用。

选购宜忌

选整粒、果梗（瓜藤）新鲜、果形端正丰满、脐部和瓜蒂内陷、果粒硕大、果面平滑、呈固有墨绿色泽、花纹清晰、成熟适度、用手指弹果实时发出沉浊声、切时易破、肉质清爽新鲜者为佳。完整瓜可冷藏15天左右。食前应清洗，冰冻后不要马上食用。果柄黄枯、干燥的，一般为死藤瓜，不宜购买。

76. 油桃

简介

油桃，别名：光桃、李光桃，是普通桃的变种，仍然是桃的家庭，只是果实外观漂亮，表面光滑无毛，着色程度与面积之大是普通桃无法相比的；又因成熟时皮不好剥，水分相对少些；果肉有圆有扁，有黄有白，黄的红里透黄，白的红里透白，肉质脆，气味芳香，具有桃、杏、李的综合风味；结果早、耐储运、商品性好、售价比普通桃高，栽培经济效益非常显著。油

桃原产于中国敦煌一带，资源丰富，后经中亚传入伊朗，又经丝绸之路传入欧洲。经国内外园艺专家的努力，品种综合性状不断提高，发展迄今，油桃已风靡欧美，我国陕西、山东、河南、北京等省市都有规模栽培。性喜温暖干燥的环境，年均气温8～17℃的地区均可栽培，生长期最适温度18～25℃。喜光，耐旱，忌涝，耐寒力较强，冬季需一定低温才能正常通过休眠期。喜土层深厚、肥沃、排水良好的微酸性土壤。

园艺应用

油桃的表面光洁无毛，克服了毛桃果面有茸毛的缺陷，又具有桃、杏、李的综合风味，更迎合了中国人和亚洲人的口味，深受广大消费者青睐。迄今，油桃品种已推广到全国除台湾、西藏、海南、广东以外的20多个省、市、自治区，其中，上海市因生产的油桃品质优良，被命名为"中国油桃之乡"。桃族自古以来是南北园林中不可缺的花木之一，油桃除作果树专业园栽培，也适宜在宅院、庭院等处栽植观赏，还可盆栽及制盆景观赏。

食用功效

油桃营养丰富，含糖、有机酸、果胶、蛋白质及微量元素，此外，还含有17种人体所需要的氨基酸、胡萝卜素等。少儿食用能促进发育，年老者食用有止咳化痰、补气健肾的功能，还能降血压、健体益寿。油桃的主要成分是蔗糖及含较多纤维成分的果胶，有整肠的功用，对于利尿或通便颇有效果。一个新鲜油桃维生素C的含量几乎可以满足成人一天所需，

经常食用有益于促进身体对铁的吸收和维护免疫系统，还可养胃润肠、补血；又含铁量较高，是缺铁性贫血病人的理想辅助食物；又含钾多，含钠少，适合水肿病人食用。油桃仁提取物有抗凝血的作用，并有止血、降压之效。

药用价值

油桃性平，味甘酸，具补气血、养阴生津的功效，适合大病之后、阳虚肾亏、面黄肌瘦、肠燥便秘、惊悸气短者。油桃仁活血化瘀，润肠通便，用于半身不遂、闭经、痛经、高血压、跌打损伤等症。油桃花利水通便，活血化瘀，疗黄疸、肝炎、浮肿、小便不利；外敷治疮疡溃烂。治疗哮喘：桃仁、杏仁、白胡椒各6克，生糯米10粒。共研细末，用鸡蛋清调匀，外敷于双脚和双手。

健康提示

适用于一般人群。内热偏盛、易生疮疖者不宜多食，婴儿、糖尿病患者、孕妇、月经过多者忌食。

选购宜忌

以果大、果形饱满、色美而脆、闻之香味浓、无碰伤、无果锈者为佳。置常温内保存。也可密封于保鲜袋内置冰箱中冷藏。

77. 苹果

简介

苹果，别名：柰、滔婆、超丸子等，花期春季，果期秋季。原产于欧洲、中亚和新疆西部一带，为世界四大水果之一。我国栽培历史悠久，已有2 000多年。全国大部分地区广为栽培，已形成了渤海湾诸省、中原暖地、秦岭北麓、西北高原、云贵川高原几个大型苹果生产基地。苹果是中国第一大果，品种多达1 000种以上，按成熟季节分为伏果和秋果两大类；依采收期分为早熟、中熟、晚熟三类。主要品种有：国光、红富士系列、金帅、青香蕉、倭锦、印度、鸡冠、秦冠等。性喜干燥、凉冷的气候，喜光，耐旱，耐瘠，喜土层深厚、肥沃、排水良好的微酸性至中性的沙砾土。

园艺应用

苹果结果大，色美艳丽，挂果时间长，多作果树栽培，也适合在公园、绿地或庭院栽培观赏，孤植、列植效果均佳，还可作盆景欣赏。其营养价值和医疗价值都很高，被外国人称为"减肥果、智慧果、青春果"；被中国人荣称"让你远离医生"的健康美味佳果；美国营养学家将它列为10种最有营养的食品之一。

食用功效

现代医学研究证明：苹果富含的多酚及类黄酮是天然抗氧化剂，可抑制低密度脂蛋白氧化及血小板聚集，能很好地防治冠心病和动脉粥样硬化。每天食用一个以上苹果，可以把因冠心病死亡的危险降低一半；又含有较多的可溶性纤维（果胶），可降低血中的胆固醇，又能促进胃肠蠕动，减少便秘与大肠癌的发生；其水溶性纤维，可抑制坏胆固醇的形成，有保护血液、降低血管疾病发生的作用；还富含钾、钙，可使体内过剩的钠排出，有益软化血管壁，防止心力衰竭，降低脑卒中的发生率，有益高血压患者。著名中医肿瘤专家周岱翰教授特别推荐：日常多食各异苹果，可防癌治癌；还可保护肺部免受污染和烟尘的影响，减少肺癌的危险，预防铅中毒。此外，含大量锌元素，对脑垂体的发育和活动及儿童智力发育有很好的功效，常食增加血红素，防贫血，又可使皮肤细腻、光滑、红润有光泽；还可使孕妇分娩时间快且顺利，对婴儿健康发育有裨益。

药用价值

　　小儿腹泻：苹果洗净，放入沸水中煮5~8分钟，去皮，用勺刮成泥，每日4次，每次50克；1岁以下婴儿每次30克，日服3~4次。中医认为，苹果性味甘凉，具有生津、润肺、健脾、益胃、养心等功效。治津少口渴、脾虚泄泻、食后腹胀、消化不良、慢性腹泻、肠炎、高血压、低血糖等症。《随息居饮食谱》称其"润肺、生津、开胃、醒酒"。果皮含三十蜡烷。根皮含皮甙。有补气、生津止渴、健脾胃的功效。治反胃吐酸、痢疾、妊娠呕吐、肝硬化腹水、降逆止呕、消炎、咳痰。叶：凉血解毒。治产后血晕、月经不调、发烧、风湿消肿止痛、关节炎等症。高血压：苹果1个，草决明、荠菜各30克。水煎代茶饮。

健康提示

　　老少皆宜。适用于婴幼儿、老人及夜盲症、腹泻、维生素缺乏、慢性胃炎、消化不良、气滞不通、便秘、慢性腹泻、神经性结肠炎、高血压、癌症患者食用。准妈妈每天食1个苹果，可减轻孕期反应。胃虚寒、肾炎、糖尿病、溃疡性结肠炎、白细胞减少症者慎食或少食。不宜与萝卜、水产品同食。服磺胺类和碳酸氢钠药物时不宜食用。

选购宜忌

　　应挑大小适中、果形圆整、果皮光洁、颜色艳丽、软硬适中、无虫眼、无黑斑和损伤、手指弹击声音清脆响亮者为佳。洗净，盐水泡2分钟，最好连皮食用。装袋置冰箱，可保存更长时间。

78. 提子

简介

提子，别名：美国葡萄、美国提子。花期4~8月，果期7~11月。提子原产于美国加利福尼亚州。"提子"即广东语"葡萄"的意思，是商品名称。其品种众多，有红提、黑提、无核青提、黄提等，均系葡萄的一类品种。性喜温暖、阳光充足的环境，中国福建福州和山东青岛都已引种成功，说明它较耐寒、耐热，中国大部分地方的气温适应提子生长。喜土层深厚、排水良好的沙质壤土。藤蔓怕风忌阴。

园艺应用

提子叶绿浓荫，果实串串似珍珠之悬挂，如玛瑙之晶莹，令人心醉。提子树是优良的庭院垂直绿化树种，常用于攀援棚架、长廊花架的覆盖，观赏、遮阴、食用兼而有之，也适宜作为盆栽。美国提子以其果脆、个大、酸甜适中、极耐储存、品质佳等优点，被称为"葡萄汁王"，而以红提葡萄（又叫红地球）质量最好，备受青睐，成为人们走亲访友的馈赠佳品。

食用功效

提子含有17%以上的葡萄糖和果糖，0.5%~1.5%的苹果酸、酒石酸、柠檬酸等，0.5%~0.9%的蛋白质和丰富的钾、钙、磷、锰等无机盐，还

本页图片提供者：王宏大

含有多种维生素和氨基酸，极易被人体吸收，迅速转为热量，恢复体力，消除疲劳，提升脑机能，对心血管病有很好的调节和保健作用，对儿童发育和老人滋补养生也具有很好的作用；而富含的维生素C、维生素E为皮肤提供了抗氧化保护，有效地对抗游离基，它是一种强力抗氧化剂，可抗衰老。并可清除体内自由基；还含有一种抗癌微元素，可以防止健康细胞癌变，阻止癌细胞扩散。适量进食提子，对养生保健大有裨益。

药用价值

提子具有生津消渴、润肠通便等功效，用于延缓皮肤衰老、妇女经期腹痛心烦、面青唇白，特别是对胃痛、贫血、痛风有明显的缓解作用。在人体出现低血糖时，及时饮用提子汁，可很快使症状缓解。法国、美国科学家研究发现，提子能很好地阻止血栓形成，能降低人体血清胆固醇，降低血小板的凝聚力，防止心脏及血管组织受到氧化的损害，对预防心血管病有一定作用。防止皮肤干燥粗糙：提子干煮水，水煮10分钟后，放入2片苹果片，待煮熟后食用。

健康提示

适宜一般人群。但长期或者大量吃提子干可能导致缺铁，因提子干中的多酚会抑制铁的摄取，会增加患缺铁性贫血的危险，又含糖很高，多吃会引起内热、便秘或腹泻、烦闷不节等副作用。

选购宜忌

选购以大粒、色泽鲜红、果肉脆硬者为好。装入保鲜袋低温储存。

79. 甘蔗

简介

甘蔗，古称"柘"，又名薯蔗、甘枝等。原产于印度、巴布亚新几内亚，现广泛种植于热带及亚热带地区。我国是世界上栽培与食用甘蔗最早的国家之一，利用甘蔗制糖也历史悠久。甘蔗种植面积最大的国家是巴西，其次是印度，中国位居第三，主要分布在北纬24°以南的热带、亚热带地区，包括广东、台湾、广西、福建、四川、云南、江西、贵州、湖南、浙江、湖北等省区。甘蔗品种至少30种以上，主要有糖蔗和果蔗2类。外皮有紫皮蔗和青皮蔗2种。性喜温暖、湿润及阳光充足与冬夏温差大的环境，较耐寒、耐旱、耐贫瘠，对土壤适应性比较广泛。

园艺应用

甘蔗是水果中唯一的茎用水果，也是水果中含纤维（包括非膳食纤维）最多的一种水果。它富含糖，还含大量的铁、钙、磷、锰、锌等人体必需的微量元素、多种维生素、脂肪、蛋白质、有机酸等物质，其中铁的含量居水果之首，素有"补血果"的美称。由于含糖量最高，浆汁甜美，又被称为"糖水仓库"，给食用者带来甜蜜的享受，并提供相当的热量和营养，供人体活动之用；同时也是糖果、饮料等食品工业及轻工业、化工和能源的重要原料；又是一味防病健身的良药，是深受人们喜爱的冬令佳果之一。

食用功效

甘蔗富含糖分，由蔗糖、果糖、葡萄糖3种成分构成，极易被人体吸收，即时补充能量、增加营养，是清补而不寒凉的食品。甘蔗糖是以五碳糖和六碳糖为主要成分的多糖类物质，对癌瘤具有抑制作用。甘蔗纤维多，在反复咀嚼时就像用牙刷刷牙一样，把残留在口腔及牙缝中的垢物一扫而净，从而能提高牙齿的自洁和抗龋能力，又消口臭，被称为口腔的"清洁工"。同时，咀嚼甘蔗对牙齿和口腔肌肉也是一种很好的锻炼，有美容的作用。甘蔗中的氨基酸、纤维素等物质，能有效保护和恢复表皮、真皮的锁水能力，强化皮肤的组织结构，恢复皮肤弹性，促进细胞再生。研究人员从中提取乙醇酸配成药水外用，其对粗细皱纹、小疤痕、皮肤色素退化和由日晒引起的可能恶变的鳞状角质生长物有显著效果。还富含铁、钙、磷、锌等人体必需的元素，其中铁的含量特别高，每千克达4毫克，故甘蔗素有"补血果"的美称。

药用价值

中医认为，甘蔗性味甘凉，味甘入脾，故能助脾气。且有清热、生津、下气、润燥、养血、补肺益胃、消痰镇咳、利大小便的功效，并有"天生复脉汤"之称，适用于口干舌燥、低血糖、心脏衰弱、津液不足、咽喉肿痛、小便不利、大便干结、虚热咳嗽、消化不良等症。为此，古代医学家将甘蔗列为"补益药"。民间常用甘蔗汁、葡萄酒各50克，混合服用，早晚各1次，对于治疗慢性胃炎、反胃呕吐有很好的疗效。甘蔗汁还有消痰止渴、润肠利尿、和中下气、宽胸行水、清热生津、去胃热除心烦、缓解酒精中毒的功效，中医临床将甘蔗汁作为清热生津剂，适用于口干舌燥、津液不足、小便不利、大便燥结、消化不良等症。甘蔗皮可治皮肤瘙痒湿烂、小儿口疳、秃疮、坐板疮。甘蔗渣有外用医疗价值，治疗疖子脓肿、肿痛、秃疮、瘫疮。肺燥咳嗽：甘蔗汁50毫升，梨汁50毫升，混合饮用，每日2剂。

健康提示

适用于一般人群。甘蔗性寒，脾胃虚寒者、糖尿病患者、胃腹寒疼者不宜食用。生虫变坏或被真菌污染有酒糟味时不能食用。

选购宜忌

选蔗茎粗大、节间长、上下均匀、皮色新鲜有光泽、甜度高、无裂纹、无干缩虫蛀者为上品。甘蔗耐储存，常温下即可放置数月。

80. 雪莲果

简介

雪莲果，别名：晶薯、菊薯，国外叫亚贡，即"神果"之意。花期9~10月，果期11月。原产于南美洲的安第斯山脉，海拔1 900~2 300米，是印第安人的一种传统根茎食品，从而风行于欧美各国及日本等，日本人称它是奇迹般的健康植物，并于1985年在日本琦玉县引种成功。目前，我国已在云南、福建、海南、贵州、湖南、湖北、山东、河南、河北等省区引种栽培成功。雪莲果为热带高山长日照植物，性喜温暖湿润、光照充足的环境，不耐寒冷，遇霜冻茎枯死。喜强光暖性、湿润的沙质壤土。

园艺应用

雪莲果是一种有着食疗、药疗双重保健作用的新型地下水果，适应性强，易种好管，春种秋收，采用无性繁殖，生长期200余天，能让种植者快速发财致富，因而风行于海内外；它的果树貌似苎麻，成熟时，枝项先后开5朵美丽娇艳的太阳花；种子长得像姜，果肉吃起来口感却像水梨，汁多而晶莹剔透，香甜脆爽，除生吃，还可炖肉、煲汤、腌渍小菜、制沙拉、风味独特，美味可口，也是酒家饭店上乘之佳肴。加工成果茶、果冻、糕点、饮料、罐头等，风味极为独特，不仅加工潜力极大，更让食用者强身健体，深受消费者的喜爱。

本页图片提供者：王宏大

食用功效

国际马铃薯中心的资料表明，雪莲果含丰富的、带有甜味的低聚糖（又称果寡糖），是所有植物中最高的，可帮助消化，调理肠胃，治疗下痢，使排便通畅，是肠胃病的克星，且有消炎利尿、保持尿路畅通、减少结石和致癌毒素的作用。日本研究发现，每天服用3~6克的果寡糖，3周之内，人的粪便中有毒致癌物的含量可减少40%以上，且具有清肝解毒、降火降血压的作用，能有效预防面痘、暗疮，是养颜美容的天然保健品。雪莲果还含有20多种人体必需的氨基酸、丰富的矿物质及钙、镁、铁、锌、钾、硒等微量元素，常食可提高人体的免疫力，强身健体，是老人、儿童和心脑血管疾病、消化系统疾病患者极好的果品，又是男子壮阳、增强性功能的良药。研究测定发现，叶子含多种矿物质，特别是钾和钙，有降低血胆固醇和甘油三酯的作用。

药用价值

雪莲果味甘，性温，无毒，归肾、肺经，具有养肺阴、补肾阳、清肝解毒、止咳化痰、抗癌、防衰老的功效。用于老人、儿童、心脑血管病患者、消化系统病患者、肥胖减肥者、糖尿病患者，对手术后病人极好，药疗佳，对于运动量少的办公室人员和白领阶层是百利无一害的天然保健果品，尤其是便秘者的一剂绿色药品，可免去使用损体的清肠泻药。雪莲果叶子含多种矿物质，特别是其钾元素和镁元素含量较高，它是古印加人十分推崇的一种草药，当地人习惯把它当成药茶饮用。研究测定发现雪莲果能抗氧化，消除自由基，能减少和避免结石的发生。叶子中还含有类胰岛素物质，能帮助人体控制血糖。

健康提示

适用于一般人群。但不可多吃，否则易引起腹胀、腹泻等反应。肠胃不好者慎食。

选购宜忌

选块大、整齐、皮浅褐、肉黄白者。为防氧化变色，去皮切开放在清水中浸泡。

81. 百合

简介

　　百合，别名：摩罗、重迈、百合蒜等。花果期6~10月。原产于北半球温带和亚热带；我国是原产地之一，也是世界百合的分布与起源中心，野生资源数量占世界首位，拥有55种，占世界总数的一半以上。甘肃兰州、江苏宜兴、河南洛阳、湖南龙牙为百合四大产地。著名的品种有台湾麝香百合、兰州百合、宜兴卷丹百合、南京白百合和湖南甜百合等。多生于山坡林下、溪沟，野生与栽培均有。野生的鲜片小而厚，味较苦；栽培种鲜片阔而薄，味不甚苦。主产于我国河南、湖北、江西、湖南、浙江、江苏、广东、广西、云南等省区。性喜凉爽、湿润的半阴环境，耐阴性较强，较耐寒，耐日光照射。喜干燥，怕水涝，忌连作。喜肥沃、深厚的微酸性沙质土壤。

园艺应用

　　百合清雅脱俗，芳香宜人，被人们视为纯洁、光明、自由和幸福的象征。在园林、庭院中栽于花坛中心或林间草地的花镜中，既能使天然园林增添景色，又有诱人的雅韵；也可盆栽于阳台和室内摆设观赏。且它的挥发性油类具有显著杀菌消毒的功能；还能吸收空气中的一氧化碳和二氧化硫等有害气体，净化居室环境。百合也是重要的切花材料，作插花、插瓶之用；其地下鳞茎更是食疗之佳品，可烹制成多种色佳味美的菜肴和各种点心、甜羹。其不仅可强身健体，还能增强免疫功能，是一种极好的滋补食品。素有"中条参"之称。

食用功效

　　百合含淀粉、糖蛋白质、果胶、维生素及秋水碱等多种生物碱和营养物质，有良好的营养滋补之功效，特别是对病后体弱、神经衰弱等症

本页图片提供者：王宏大

大有裨益；且抗血糖、镇静催眠，对免疫抑制环磷酰胺引起的白细胞减少症有预防作用；能升高血细胞，对化疗及放射性治疗后的细胞减少有治疗作用；在体内还能增强单核细胞系统的吞噬功能，提高机体的体液免疫能力。百合富含秋水仙碱，能抑制癌细胞的增殖，尤其对乳腺癌防治效果较好。还可减少尿酸形式的尿酸盐沉积，减轻炎症，有效止痛，对由于痛风发作所致的关节炎症有辅疗作用。百合中的硒、铜等微量元素能抗氧化，促进维生素C吸收，可显著抑制黄曲霉素的突变，临床常用于癌症的辅助治疗。鲜品百合富含黏液质及维生素，对皮肤细胞的新陈代谢有益，常食有一定的美容养颜作用；还有良好的润燥及清热止咳作用，并能增加肺脏内血液的流量，改善肺部功能；也对失眠多梦、心情抑郁等症有一定疗效。而所含的百合苷，有镇静和催眠的作用。睡前服用百合汤，可有效改善睡眠，提高睡眠质量。

药用价值

百合入药始载于《神农本草经》，为传统的常用良药佳肴，补益而兼清润，补无助火，清不伤正，为一切有虚火者皆宜之。其味甘、微苦，性平，无毒，入肺经、心经。具有润肺止咳、补中益气、宁心安神、滋阴清热、凉血止血、健脾和胃的功效。用于热病后余热未消、肺虚久咳、痰中带血、肺结核咳嗽咳血、虚烦不眠、低热不退、烦渴缺力、虚烦惊悸、神经衰弱、失眠多梦、精神恍惚、盗汗、消瘦痈肿、湿疮、痞满、老人慢性气管炎、脚气浮肿、咽喉干痛、疮痈红肿、心情抑郁等症。《本草纲目》记载百合"主邪气腹胀心痛，利火小便，补中益气，除浮肿胪胀，痞满寒热、遍身疼痛及乳难喉痹，止涕泪"。清心宜生用，润肺则蜜炙用。失眠多梦、焦虑健忘：百合、去芯莲子各50克，银耳25克，冰糖50克。百合、莲子加水适量煮沸，再加银耳，文火煨至汤汁稍黏，加冰糖后服用。

健康提示

是老少皆宜的食品。四季皆可食，更宜秋食。尤适于体弱者、失眠者、更年期女性食用。风寒咳嗽或脾虚便秘者慎服。虚寒出血、脾胃不佳者忌食，腹泻者不宜食用。百合黏腻、含秋水仙碱，不宜多食。

选购宜忌

选新鲜、个大、瓣均匀、肉厚、色黄白、质坚、筋少、无黑斑点、没有异味、底部凹处无泥土或少的为佳。干百合以干燥无杂质、肉厚、晶莹透明者为佳。置于通风干燥处。

82. 荸荠

简介

　　荸荠，别名：乌芋、马蹄、尾梨等。秋末冬初采收。原产于我国南部和印度，被世界各地作为经济作物栽培，中国最多，主要分布于东南沿海

一带及淮河以南，以浙江余杭、江苏高邮、江苏苏州、福建福州、广西桂林等为著名主产地。一般分干、湿两大类。按色泽有黑紫、紫红、淡紫红之分，按收成分早、晚熟，按产地分南、北荸荠。各地优良品种有苏州荸荠、余杭大红袍、涿县甜荠、信阳荸荠、桂林马蹄、孝感荸荠等。喜温暖、光照充足环境，不耐霜冻，喜水，生育期前后要求

2~3厘米的浅水层，生长旺盛期水层加深10~15厘米，球茎休眠越冬期保持田土湿润和浅水。要求土壤松软，含有机质多，微酸性至中性的土壤、黏土为宜。

园艺应用

　　荸荠生长于水田地沼中，为我国特产生食炒菜佳果，适宜于江南各地凡有湖泽之处栽培生产。其肉质细腻、脆嫩、洁白晶莹、甘甜多汁、口感极美，自古就有"地下雪梨"之称，北方将其美誉为"江南人参"，除直接削皮生食外，还有多种食法，可配菜入肴，如荸荠炒虾仁、荸荠炒鸡丁等，焯、煮、烧、煨皆可，也是夏令羹点和冷饮食品配料，还可加工成多种食品，如马蹄粉等。它亦果亦蔬，是大众喜爱的时令之品。具有广阔的发展前景。

食用功效

　　现代药理研究证实，荸荠含一种不耐热的抗菌物质荸荠英，对金黄葡萄球菌、大肠杆菌和绿脓杆菌等均有一定的抑制作用；近年研究发现，荸

荠含有一种抗病毒的物质，可抑制感冒和流感病毒。上海肿癌防治研究协作组在筛选中药时发现，荸荠的各种制剂在动物体内均有抑癌作用。所含粗蛋白、粗脂肪、淀粉，能促进大肠蠕动，加强滑肠通便，临床上常用于治疗热邪的食积痞满和大便秘结等症；所含的磷是茎类蔬菜中最高的，能促进人体生长发育和维持生理功能，同时可促进体内糖、脂肪、蛋白质的代谢，调节酸碱平衡，对牙齿、骨骼发育很有好处，适于儿童食用；又含大量维生素A、维生素C等，能抑制皮肤色素沉着、脂褐质沉积，有益美容祛斑。还能防治急性传染病，在麻疹流行性脑膜炎发生的春季，荸荠是很好的防病食品。

药用价值

　　荸荠是味良药。《四华子本草》、《本草纲目》、《别录》等记载：荸荠性寒，味甘，入肺经、胃经，有清心降火、解热生津、消食开胃、凉血解毒、化痰利咽、利尿通淋等功效，对一切热病后口渴、舌赤少津、小儿口疮、咽干、便秘、肺热咳嗽、咽喉肿痛、酒醉昏睡、消化不良、食欲不振、小便淋沥涩痛等症均有一定的治疗效果，特别对多种癌症有良好的辅助治疗作用。《名医别录》说它"主消渴热"。《滇南本草》称其能"治腹中痰热，大肠下血"。生食或煮食均可，饭后生吃开胃下食，除胸中实热，消宿食。制粉食用有明目、消黄疸、解毒的作用。其地上茎中药称"通天草"，具有清暑热、利尿通淋、消肿的功能。治肾炎水肿、呃逆、小便不利、淋病。小儿百日咳、干咳无痰：荸荠250克捣碎挤汁，加蜂蜜50克，加水煮开，每次2匙，早、晚各1次。

健康提示

　　适用于一般人群。尤其适宜于儿童和发烧病人、热病烦渴、阴虚肺燥高血压、咽喉干痛、咳嗽痰多、消化不良、大小便不利者及癌症患者食用。脾胃虚寒及血虚者慎服。虚劳咳嗽、孕妇血竭、体虚食少乏力、病后初愈者忌用。不宜食之过量，否则令人腹胀；小儿及消化弱者不宜多吃。

选购宜忌

　　选个大、新鲜、皮薄、呈深紫色、芽粗短、大小均匀、肉细、味甜、多汁、脆嫩无渣者为佳。凡盐酸水泡过颜色过红，闻之有刺鼻味道及变质、发软腐败者不要购买。食前用开水烫一下，再削皮生食。煮熟更甜，且更卫生。

83. 菱

简介

菱，别名：水栗、菱实等。花期6～7月，果期9月。原产于中国，世界广为分布，从热带到温带的淡水湖、河中均有生长。菱分为四角菱、三角菱和已退化的无角菱3类，按颜色有红菱和青菱之分，按水位深度，分深水和浅水2种生态型。深水多为晚熟种，浅水则为早、中熟种。我国北起山东省、河北省，南至广东省、台湾省均有栽培。特别是江苏太湖、安徽巢湖栽培面积较大，其中江苏苏州的水红菱、浙江嘉兴的南湖菱尤为有名。性喜温暖和阳光充足的环境，不耐霜冻，不耐阳，必须在无霜期生长。要求土壤松软、肥沃、淤泥达20厘米以上，含有机质较多，水位较浅，以20～50厘米较好，不耐猛涨暴降。

园艺应用

菱的分布区域广。它和荸荠、莲藕为我国特产生食、炒食的佳果。园林中广泛用在河中、湖面景观栽培。且菱肉鲜嫩，味道极美，可洗净剥皮生食，以皮脆肉嫩菱为好；也可作蔬菜，煮熟食用，以肉质洁白的老菱为佳；还可作为辅料与肉类同煮，风味独特，如炒嫩菱、炖排骨、炒肉片、煨鸡肉及烧豆腐等。还是一味很好的传统滋补保健食品，正如《齐民要术》中写："菱能养神强志，除百病，益精气。"因此，深受消费者喜爱。

本页图片提供者：薛云

食用功效

菱角含丰富的葡萄糖、蛋白质等营养物质，有助于维持人体正常的生理活动。现代药理研究证明，菱肉含一种抗癌物质，对癌细胞的变性及组织增生均有效果，具有一定的抗癌作用，可起到防治癌症的辅助食疗作用。据日本医学界报道，用菱角同粳米或加上薏仁一起煮粥食用，对于防治食道癌、胃癌、子宫癌、乳腺癌有一定效果。老年人常食有助于明目清心增视力；夏季食用有行水、去暑、解毒之效；因其富含碳水化合物、蛋白质，捣成粉食用，能补中延年。

药用价值

菱生食性味甘凉，具消暑热，止烦渴，凡暑热伤津、身热心烦、口渴自汗、食欲不振，可作食疗果品；也可用于月经过多、痔疮出血的治疗，还能解酒。熟食性温，具益气健脾的功效，可治脾虚气弱、体倦神疲、不思饮食、腹泻、脱肛、痢疾、胃溃疡、食道癌、乳腺癌、子宫癌等。李时珍在《本草纲目》中说，食用菱角能"补脾胃，强股膝，健力益气"，并说"菱实粉粥益胃肠，解内热"。此外，菱壳（菱的果皮）具解毒消疮，止痢止血，止泻收敛的功效。主治泄泻、脱肛、痔疮、疔肿、黄水疮、天泡疮、便血，可内服或外用，烧存性，研末调敷；或煎水洗。菱蒂（菱的果柄）有健胃、消肿解毒、消疣、止胃痛的作用。菱叶清热利湿，治小儿走马牙疳疮肿。水煮菱叶汁，能增强视力，对癌细胞有一定的抑制作用。调治食道癌：菱角、诃子、薏苡仁、紫藤各9克。水煎取汁，日服2次；或菱角加薏苡仁一同煮粥，经常食用。

健康提示

适用于一般人群。菱角性寒滑，不宜多食；脾胃虚寒、便溏腹泻、肾阳不足、中焦气滞者均不宜多食。

选购宜忌

挑个大、饱满、果皮坚硬者为佳，新鲜菱角为红色或绿色，煮熟后为黑紫色。置于阴凉通风处可保存1周左右。

84. 莲藕

简介

莲藕，别名：藕节、藕鞭等。秋季采收。原产于中国、印度。在清咸丰年间，莲藕就被钦定为御膳贡品。生于池塘、沼泽及湖泊中，现各地普遍栽培。其中长江流域、珠江三角洲、洞庭湖、太湖及江苏省里下河地区为主产区，台湾地区也普遍栽培；日本、印度、东南亚各国、俄罗斯南部也有分布。有七孔藕与九孔藕2个品种。性喜温暖、湿润的环境，不耐霜冻及突然降温。喜水，依水而生，宜浅水，忌深水，怕大水淹没和狂风侵袭。喜光，不耐遮阴。喜肥，要求土壤为富含腐殖质的微酸性壤土或黏质土壤。

园艺应用

我国用荷、栽荷与赏荷的历史悠久，如今，在我国黑龙江省兴凯湖莲花河附近，仍然长有大片野生荷花，已被列为濒危植物，受到国家保护。我国荷的品种繁多，已知的就有200多个，其中藕莲为三大系统之一，在人们心目中是真、善、美的象征，代表崇高、圣洁、平安、光明等意境。现园林中广泛用在水池、湖面景观布置等。且藕还是药食兼保健、防病之佳品，深受人们的青睐。

食用功效

药用研究表明，莲藕含大量的维生素C、维生素K，可促进溃疡面的恢复，缩短出血时间，有止血作用；富含铁质，对贫血患者颇为适宜；所含B族维生素和微量元素，能促进口腔黏膜上皮修复；又富含鞣酸和天冬酰胺，具有收敛性和收缩血管的作用，对血小板减少性紫癜有一定疗效，既

本页图片提供者：王宏大

可止血，又可解毒，也是著名的止血药；还含丰富的膳食纤维，有润肠通便、滋阴清热、清胃降火之功效，对治疗口腔溃疡也有帮助。此外，还含黏液蛋白的一种糖类蛋白质，能促进蛋白或脂肪的消化，减少胃肠负担及脂类的吸收，又含大量单宁，用于止血、凉血、散血。中医认为，其止血而不留瘀，是热病血症的食疗佳品。

药用价值

《本草纪蔬》载："藕，生者甘寒，能凉血止血，除热清胃，故主消散瘀血，吐血，口鼻出血，止热渴、烦闷、解酒等。熟者甘温，能健脾开胃，益血补心，故主补五脏，实下焦，消食，止泻，生肌。"可见生藕与熟藕均可疗多种疾病。据《千金药方》载，藕"食之止渴去热，补中养神，益气力，除百病，久服轻身耐老，不饥延年"。《本草纲目》载，"藕可益心肾，厚肠胃，固精气，强筋骨，补虚损，利耳目，除寒湿，止脾泻"。民间用生藕绞汁一杯，加蜂蜜适量，饮服，治烦渴不止；用藕汁、梨汁各半杯，合服，疗上焦痰热。莲叶有降血脂、降胆固醇、疗肥胖症的作用；莲梗可疗慢性肠炎痢疾、慢性子宫炎等症；将老藕制成藕粉，其味甘入脾，咸入肾，具调补脾肾，滋肾养肝，补髓益血、止血的作用。对脾虚食欲不振、肝肾虚损都有后天调补的功效，为产后、病后、衰老、虚劳上好的流质食品和滋补妙品。肺热咳血：鲜藕或藕节80克，鲜白茅根50克。水煎服，分2次服。

健康提示

适用于一般人群。藕鲜食或榨汁饮用，适宜于老幼妇孺、体弱多病、失眠、肠胃不好、长有暗疮、高热口渴、高血压、肝病、便秘、各种出血、食欲不振、缺铁性贫血及营养不良患者食用。脾胃虚寒、消化功能低、大便溏泄、女子经期和素有寒性痛经者忌食鲜藕，熟藕及藕粉不适合糖尿病患者。煮藕忌用铁锅铁器，宜同贝类鱼虾等水产搭配食用，有帮助改善肝脏功能的作用。

选购宜忌

购买以节茎粗壮、藕孔小、肉质肥厚、光泽细嫩、色白无虫斑、无伤痕、第二、第三节者为佳。若藕孔带红或出现茶色黏液表示不新鲜，不宜购买。

$\mathcal{85}.$ 花生

简介

　　花生，别名：长生果、落花生等。原产于我国和南美。现我国各地均有种植，以黄河流域下游为多，已有2 000多年的栽培历史。被世界公认是一种植物性高营养食物，被称为"绿色牛乳"，其营养价值比粮食类高，可与鸡蛋、牛奶、肉类等动物性食品媲美。主要品种：有多粒型、普通型、珍珠型、蜂腰型四大类型。种皮有白、红、粉红、红褐、紫色等不同颜色，现在又出现一种彩色花生，这是普通花生通过果仁外皮颜色变异而产生的。现今，中国、印度、巴基斯坦和美国是生产花生最多的国家。我国花生因其品质好，在国际市场上享有盛誉，被称为"中国坚果"、"优质的杂粮"。性喜高温干燥，不耐霜，适生于沙质土壤。

园艺应用

　　花生颗粒肥大，荚果最长者有5厘米，子实饱满，果皮洁白，色泽鲜艳，香脆可口，又适应性强，有很好的保健作用。我国山东的花生享誉海内外，远销世界30多个国家和地区。此外，山西万荣、四川江津的花生也很有名。花生营养丰富，欧美有俗语称"七粒花生抵一个鸡蛋的营养"。花生有助于滋养补益，有助于延年益寿，民间又称"长寿果"；营养学家还称其为"植物肉"、"素中之荤"。它的食法颇多，带壳可炒食、煮食，去壳花生也可炒食、炸食或煮食，还可与其他食品制成多种保健食品。国内外已有研究机构对花生进行生物医药学研究与开发应用。

食用功效

　　花生蛋白质中含10多种人体所需氨基酸，其中赖氨酸含量比大米、白面、玉米高很多，它可使儿童提高智力，防止人们过早衰老，又可维持血糖正常；而谷氨酸、天门冬氨酸，可促使脑细胞发育和增强记忆力；

本页图片提供者：王宏大

富含不饱和脂肪酸可降低胆固醇，有助于防治高血压、冠心病、动脉硬化等症，促进血液循环，改善手脚冰冷；含钙量极高，能促进人体骨骼的发育和满足孕妇的需要；还含多酚类物质，能降低血小板凝聚作用，预防心脑血管疾病，防癌、抗衰老；儿茶素也具有很强的抗老化功能；B族维生素可改善视力、口角炎、脚气病、神经炎；卵磷脂有益神经系统，能延缓老化、降低胆固醇，还有止血、改善烦躁及口唇干裂等作用；又含维生素E，能维持机体的正常生理功能和胚胎发育，延长细胞寿命，有利于生长发育、长寿。常吃花生，还能减少肠癌的发生概率。同时，还能滋润营养肌肤，使皮肤润泽细腻。还含白藜芦醇化合物，有助于降低癌症和心脏病的发病率。

药用价值

高血压：带膜花生仁浸泡陈醋至少7天以上，浸泡越久效果越好，每晚睡前食，每次3～4颗，7天为一个疗程。《本草纲目拾遗》中说，花生有悦脾和胃、润肺化痰、扶正补虚、利水消肿、止血生乳、滋补调气等功效。用于营养不良、贫血萎黄、肠燥便秘、出血、脾胃失调、咳嗽痰喘、乳汁缺乏等症。花生衣治多种出血症、过敏紫癜、神经炎、视觉不清等症；花生衣（红皮）具有良好的止血作用，对于治疗各种内外出血症有良效；花生叶代茶饮，治肝风头痛、高血压病；花生壳有降血清胆固醇、敛肺止咳作用，用于久咳气喘、咯痰带血等；花生油性味淡平，有润肠通便的功效，可用于蛔虫性肠梗阻等。止咳化痰：花生仁、红枣、蜂蜜各30克。适量水煎至烂透，每日用汤汁2次。贫血：带外膜的花生仁、红豆、红枣各90克。共煮汤，日饮数次，有改善贫血症状的作用。

健康提示

适用于一般人群。尤适于孕妇，营养不良、食欲不振、病后体虚、手术后恢复期、血小板减少性紫癜、食少体弱、肺燥咳嗽、咳嗽痰喘、脾胃失调、反胃不舒、乳汁缺乏、咯血、鼻衄、皮肤紫斑、大便燥结、脚气患者等食用。跌打损伤、血黏度高、脑血栓、心肌梗死、体寒湿滞、肠滑便泄者，痛风患者及胆病患者不宜食用；口舌生疮、鼻出血者不宜多食，高脂血症、脾弱便溏患者少食；忌与黄瓜、香瓜、螃蟹同食，极易导致腹泻；发霉、发芽花生不能食。

选购宜忌

应挑颗粒饱满、大而圆、没有发霉、虫蛀者。不要购干扁或软烂的花生，一次不宜买太多而存放太久。储存应保持低温干燥，可置冰箱冷藏，若发现发霉，应及早剔除，带壳花生保存状况较佳。可在密封通风处保存。

86. 核桃

简介

核桃，别名：胡桃、羌桃，日本称"陈平珍果"。花期4～5月，果期9～10月。原产亚洲西部的伊朗，汉朝张骞出使西域，后传入中国，在中原栽培，已有2 000多年的历史。在新疆天山西部伊犁海拔1 400～1 700米的山坡下部或峡谷沟底仍生长着大面积天然林群落景观。现已遍布全国，以西北、华北地区最多。主要是普通核桃和铁核桃（又称漾濞核桃、泡核桃），约有4 000多个农家品种。核桃喜光，喜温凉湿润、有季节性干燥的气候，耐干冷，喜深厚、肥沃、湿润、排水良好的微酸性至弱碱性土壤，不耐盐碱，在碱性、酸性强及地下水位过高的低湿地均不能生长。抗风性较强，不耐移植，根际萌芽能力强，寿命长，二三百年的大树仍能开花结果。近年来，我国培育出许多优质皮薄、仁厚、出仁率高、营养含量高的核桃，如薄皮香、香玲、辽核1号等。

园艺应用

核桃与腰果、扁桃、榛子为世界著名的四大干果，是我国传统的健脑食物，也是珍贵的木本油料之王。核桃在西方文化中是人类智慧的象征，在中国是生命力的象征。有"智力果"、"长寿果"、"养人之宝"的美称。其树冠庞大雄伟，枝叶茂密，绿荫覆地，是良好的庭荫树和道路绿化树种，园林中常孤植或群植，景观宜人。树枝、叶及花果挥发的芳香气味具有杀菌、杀虫的保护功效，对净化居住环境的空气有很高效果，可配植于风景疗养区。果实是健脑、养颜的食疗佳品，又是重要的中药材。

食用功效

现代药理研究表明，核桃所含的锌、锰、铬、镁及多种维生素皆可防癌抗癌，还可促进葡萄糖利用、胆固醇代谢，堪称"抗氧化之王"。某饮食协会建议，每周最好吃两三次核桃，尤其是中老年和绝经期妇女，因为核桃中所含的精氨酸、油酸、抗氧化物质等，对保护心血管，预防冠心病、老年痴呆及润肌肤、美容、乌须发等颇有裨益。研究还认为，核桃中的磷脂和蛋白质，能增加人体细胞的活性，对脑神经有良好保健作用，可增强记忆力。核桃油含有不饱和脂肪酸，有防止动脉硬化的作用；还含多酚和脂多糖成分，具有防辐射的功能，常用于制作宇航员的食品，被使用电脑者视为保健护肤的佳品。而核桃仁中所含的维生素E，可使细胞免受自由基的氧化损害，是公认的抗衰老物质，常嚼有缓解疲劳和压力的作用。现代医学研究证明，孕妇吃核桃仁能使初生婴儿前囟门较快长严；少年儿童食核桃有利于提升身高、保护视力和增强记忆力；青年人食核桃利于身体健美、肌肤光泽、发质亮泽；中老年食用核桃有利于保心养肺、固齿、乌发、抗衰老。

药用价值

中医历来认为核桃味甘、性温，入肾肺、大肠经，是温补肺肾、温肺定喘、润肠通便的良药。具健胃、补血、润肺、养神等食疗功效。主治肾虚腰痛、尿频、遗精、阳痿、脚软、虚寒喘咳、大便燥结、石淋、疮疡瘰疬等病症。核桃油除用作高脂肪滋养品外，还可作为缓下剂治疗便秘，并有驱绦虫的作用。外用可治某些皮肤病。胡桃夹（即核桃里面的中隔，中药称"分心术"）治遗尿、噎膈、遗精等症；核桃皮（药用名称为"青龙衣"）外用于痈肿疮疡、疥癣、牛皮癣、白癜风等症；青核桃外果皮煎汁，可作洗发剂和疥癣药；核桃叶有解毒、消肿、杀虫的功效，用于白带过多、癣疮、血吸虫等病，煮水熏洗有杀菌和疗癣的作用；核桃壳用于治腹泻、瘰疬；核桃枝有抗癌功效，用于多种癌及淋巴肉瘤。肝肾虚弱、腰膝酸痛、头晕耳鸣、小便余沥不尽：核桃仁15克、杜仲12克、补骨脂10克。水煎服，每日1次。

健康提示

适合于一般人群。肾虚、肺虚、大便干结、虚喘、神经衰弱、气血不足、癌症、动脉硬化患者宜多食。尤适宜小儿、青少年、老年及脑力劳动者食用。痰火积热、阴虚火旺、大便溏泄、肺结核者不宜食用。哮喘、声高气粗、面红目赤者不宜多食，多食易生热聚痰。不可与浓茶、酒同食。

选购宜忌

以外壳鲜亮色黄、个大、肉厚、饱满、不碎、油多、无核皮者为佳。核桃仁应储存于密封容器内，置阴凉干燥处，注意防潮，泛油变质呈黑褐色黏手，有哈喇味的核桃仁不能食用。

87. 板栗

简介

板栗，别名：栗子、毛栗、瑰栗、大栗、枫栗、撰栗、魁栗、毛反栗等。花期4～6月，果期9～10月。板栗为中国特产树种，是华夏古老树种之一。全世界栗属植物共7种，分布于亚洲的有4种，我国有板栗、毛栗和锥栗3种共500多个品种，分布跨寒、温、亚热带的广大区域，以华北最多。低山丘陵山地栽培最多。在中部西起四川、陕西北部的长江流域尚有成片野生板栗林生态群

落景观。板栗喜光，尤以花期需要充足光照，也喜温暖湿润气候，适应性强，较耐旱、耐寒、耐水涝、耐贫瘠。不择土壤，以阳坡、肥沃、排水良好的中性或微酸性、沙壤或砾质土壤上生长最适宜。深根性，根系发达，具有外生菌根，扩展能力强，抗风暴。萌蘖力强，耐修剪，寿命长。

园艺应用

栗树生长期长，代表着长寿，又是力量的象征，被远古东方人认为是祥瑞之林，汉族人视它为"社稷"的象征。常作为滋养补品。它树冠圆阔，枝叶荫浓，可作庭荫树，植于庭院和草坪上供观赏，也宜在公园坡地孤植或在偏隅群植，还可用以荒山绿化造林和城市经济生态林。又对二氧化硫和氯气等有害气体抗性较强，可选作厂矿及污染地区的绿化树种。栗树材质坚硬，纹理通直，防腐耐湿，是制造军工用品、车船、家具等的良材；枝叶、树皮、刺苞富含单宁，可提取烤胶；叶可饲养柞蚕；花是很好的蜜源；果可生食、炒食、煮食和制点心，可加工制作栗干、栗粉、栗酱、栗浆、糕点、罐头等食品。栗子羹则是老幼皆宜，营养丰富，备受喜爱。

食用功效

栗子所含糖类，能补充人体热量，消除疲劳，恢复体力；磷脂对大脑神经有良好的保健作用，老年人常食，可达到抗衰老、延年益寿的目的；类胡萝卜素可降低胆固醇，防癌抗血栓、抗病毒；膳食纤维能强化肠道，

本页图片提供者：王宏大

保持排泄系统通畅；富含的不饱和脂肪酸和多种维生素及矿物质，对高血压、心脏病、动脉硬化患者有益，还可保护牙齿骨骼、养护肌肤、调节机体新陈代谢，防治骨质疏松、腰腿酸软、筋骨疼痛、乏力等病症，是老年人理想的保健佳品；还含核黄素（VB$_2$），常食对日久难愈的小儿口舌生疮和成人口腔溃疡有益；此外，富含维生素E，对保护皮肤很有效。另外，每日早晚生食板栗1～2枚，可补益肝肾，辅助治疗肾虚所致的腰膝酸软、腰肢不遂等症。

药用价值

栗子是一味保健良药，可与人参、黄芪、当归媲美。唐代孙思邈说："栗，肾之果也肾病宜食之。"板栗性温、味咸，入脾、胃、肾经。具养胃、健脾、补肾、壮腰、强筋、活血、止血、消肿的功效。生食有止血的作用，主治吐血、衄血、便血等一切出血症。生栗子捣研涂敷患处，治瘰疬肿毒、跌打损伤、筋骨肿痛及刀伤，且有止痛止血，吸收脓毒的作用。栗壳有降逆化痰、清热散结、止血的作用，治反胃、呕秽、消渴、咳嗽痰多、衄血、便血等。栗汁具清肺止咳、解毒消肿的作用，治百日咳、咽喉肿痛等。鲜叶外用可治皮肤炎症。花能治疗瘰疬和腹泻。根治疝气，偏肾气等症。老年慢性气管炎：板栗，猪瘦肉各250克。煮食，以愈为度。百日咳：板栗仁、冬瓜、冰糖各30克，玉米须30克，用500毫升水煎汤至250毫升时服用，每日2～3次。

健康提示

适用于一般人群。尤以老年气管炎咳喘、肾虚、腰酸痛、腿脚无力、口腔溃疡、骨质疏松、内寒泄泻、尿频者宜食。栗子生食难消化，熟食又滞气，一次不宜多食。脾胃虚弱、消化不良或温热患者不宜多食用。急性肾炎、糖尿病、服糖皮质激素忌食。不宜与牛肉、鸭肉、杏仁一起食用。

选购宜忌

挑选新鲜板栗，以果实饱满，果粒均匀，质地坚实，颜色浅，表面不太光泽，尾部绒毛较多，没有虫蛀，无杂斑，肉质细，甜味浓，带糯性者为佳。要甜的选一面圆，一面较平的；要不太甜的选两面都平的。购回生栗如不马上用，装于网眼袋或筛子里，置阴凉通风处，每日翻动数次。发霉变质板栗不能吃，吃了会中毒。

本页图片提供者：王晓宇

88. 开心果

简介

开心果，别名：无名子、阿月浑子等。花期4～5月，果期7～8月。起源于北半球干旱亚热带中亚和西亚的伊朗、土耳其、阿富汗等国家。在海拔700～800米的山麓和低山地带以及1 500米左右的高山都能良好生长。据史料记载，1 000多年前，唐代人已尝过开心果，并视它为药物。古籍《本草》也记载："阿月浑子是滋补壮阳之剂。"中国于20世纪引种栽培，主要在新疆、陕西、甘肃等地。开心果适应性很强，喜光、耐热、耐旱、抗寒，要求降水量少，温度低，日照充足，不择土壤，更新能力强，越冬休眠，隔年结果、寿命长。

园艺应用

开心果树体生态适应性强，能固坡防止山洪和土壤侵蚀，是在干旱山地、沙漠边缘和荒漠地区生存的主要经济树种之一。又是城市行道遮阴和庭院观赏树。开心果在《波斯辞典》中被誉为功效神奇的佳果。波斯人认为，常食开心果能使人体魄健壮，抵御寒冷和经风霜，而波斯国王称之为"仙饭"，认为每顿饭后吃上数粒，可长命百岁。也以"开心解郁"的功效而得名，并成为现代人生活休闲的干果。送一袋给热恋中的情人，寓意开心顺意，因而博得青年人的青睐，并成为继"四大干果"之后的又一新秀，在国际市场上十分畅销。

食用功效

据药理药化研究证明，开心果和葵花子的植物甾醇含量最高，"经常食用坚果，可降低患冠心病和中风的风险"，又可使总胆固醇量和LDL胆固醇量显著下降。所含维生素E等成分，能消除自由基，增强体质，有抗衰老的作用；还含大量的抗氧化叶黄素，能保护视力。果仁油含有多种属不饱和脂肪酸，且不含胆固醇，是上好的健脑食用油，可制作糕点和人造奶酪，用途十分广泛；又具有滋阴补肾的功效，对结核病、浮肿、贫血、营养不良等皆有疗效。还含丰富油脂，有润肠通便的作用，有助于机体排毒。美国得克萨斯大学流行病学系的研究者发现，开心果中含有r–生育酚（维生素E的一种形式），每天食用，能降低人们患上肺癌的可能性，且患上其他癌症的可能性也会有所降低。

药用价值

唐·陈藏器著《本草拾遗》（公元739年）中载："阿月浑子，味温涩无毒，主治诸痢祛冷气，令人肥健。"《海药本草》也记载："可主治腰冷、肾虚之症。"古人载文已指明，它属温性祛寒的活血化瘀、健身良药。主要用果仁和其他成分配制各种药，用于医治肾炎、肝炎、胃病等。中医认为，开心果味甘、性温，入肝、胃经。具润肠通便、疏肝理气、保护眼睛、调中益气之效。用于肾虚腰冷、阳痿、脾虚冷痢、体弱肌瘦、背寒肢冷、神经衰弱、浮肿贫血、营养不良等症。果皮配药治皮肤湿痒、内外伤止血、妇科痛经等。叶浸出液囊下湿痒。开胃消食：果仁碾碎后，加酸奶搅匀，制成开心果果仁酸奶，常食，增进食欲，增强体质。

健康提示

适用于一般人群。尤适动脉硬化、心脏病、体质虚弱、便秘、肝气郁结所致情绪不佳、形寒肢冷患者食用。凡是肥胖、血脂高的人应少吃。过敏体质者慎用。热性便秘、上火者不宜食用。

选购宜忌

挑选以果壳开裂有缝、颜色偏黄，果仁饱满呈淡黄绿色，味道香浓者为准。果仁颜色绿的比黄的要新鲜。果仁干瘪、色泛黄、泛油者为次品。储藏时间过久，易发生油脂氧化败坏，不宜食用。

89. 银杏

简介

银杏，别名：白果、公孙树等。花期4~5月，果熟期9~10月。银杏为中国特产，栽植历史悠久，为举世公认的"活化石"，被誉称"东方的圣者"，为我国重点保护植物之一。分布极广泛，一般在海拔1000米以下的平缓山区、丘陵和平原上。江苏、山东、安徽、浙江、河南为栽培中心。浙江天目山、四川和湖北交界的神农架等地区尚有野生状态的银杏林。银杏是我国寿命最长的园林树木之一，有些古银杏树龄竟达3000多年。常见栽培观赏的变种有：黄叶银杏、塔形银杏、大叶银杏、垂枝银杏、斑叶银杏。常见作为果用栽培的品种有：洞庭小佛手、鸭尾银杏、佛指、卵果佛指、无心银杏、大梅核、桐子果、棉花果、大马铃等。为强阳性树，忌庇荫。喜温凉湿润、光照充足、土层深厚通气、土质肥沃的环境。抗干旱性较强，生长较慢，结果迟，嫁接可提早8~10年结果。

园艺应用

银杏高大雄伟，寿命长，象征着中华民族的高大形象是亘古长存的。自古以来，银杏树被寺庙尊为"圣树"、"中国菩提树"、"老寿星"，不仅守护了名大山、古刹名寺和房前宅后，也是园林、城市、庭院绿化的珍贵树种，又具抗污染、抗尘埃、抗辐射、调节气温、涵养水源、防风固沙、虫害天敌的特性，是农业区周围、工厂、矿山和污染区改善生态环境的重要

树种。老根古干是制作盆景的好材料。白果是滋补保健佳品，我国食用白果的历史已有1000多年，早在宋代即被列为皇家贡品。在日本、加拿大、美国及东南亚各国等，人们对白果也非常喜爱，常作为贵重礼物馈赠，为西方圣诞节必备的佳品。

食用功效

银杏外种皮含大量的氢化白果酸和银杏黄酮，有镇咳祛痰、降压、降低心肌耗氧量、抗急慢性炎症及抑制多种临床常见的致病真菌的作用。经常食用，还可扩张微血管，促进血液循环，使肌肤红润、精神焕发。用新鲜果实浸生菜油，对改善由于肺结核所致的发热、盗汗、咳嗽、咯血、食欲不振等症状有一定作用。白果乙醇提取物对大脑及血脑障碍有保护作用，并对脑代谢和神经递质有一定影响。还具有通畅血管，改善大脑功能，延缓老年人大脑衰老，增强记忆力等功效。银杏含黄酮化合物，是医治冠心病、心脑血管疾病和延缓衰老等的等良药，其提取物达160余种，已制成片剂、胶囊、口服液、滴剂、针剂等多种剂型，应用于临床治疗；银杏花粉含有人体所需的氨基酸、不饱和脂肪酸、矿物元素和维生素E，对延缓皮肤老化、防治肿瘤和心血管病功效很好。现代医学研究还发现，煨白果能收缩膀胱括约肌，对于小儿遗尿、气虚小便频数等病症，有辅助治疗的作用。

药用价值

银杏性平，味甘、苦、涩；入肺、肾、大肠经，有小毒。具敛肺定喘、化痰止咳、止带止泻、缩小便、解毒杀虫的作用。用于哮喘痰嗽、遗精遗尿、小便频数、妇女白带、小儿腹泻、虫积、肠风脏毒、淋病及疥癣、白癜风等病症。此外，可保护肝脏，防治心律不齐、心肌梗死、中风等。银杏生食能解毒降痰杀虫；熟食温肺、益气、通经、定喘止咳及治疗遗精、带下、小便频及痤疮等。生银杏去壳，捣烂，外涂治头面癣疮，酒齄、无名肿毒、乳痈溃烂等。银杏根有益气、补虚弱等功效。遗尿：白果适量去壳炒食，5~10岁儿童每次食用5~7个，成人8~10个，每日2次，食时细嚼慢咽，以不遗尿为度。

健康提示

适用于一般人群。特别适宜尿频者、体虚有白带的女性。白果有微毒，不宜多食，以每次食用10~15克为宜；5岁以下小儿、有咳嗽痰稠、实邪者忌食。宜熟食。

选购宜忌

选果壳色洁白、坚实、肉饱满、无霉点、无破壳、无枯肉、无霉坏者为佳。已发芽的不能食。可密封冷藏保存。

90. 葵花籽

简介

　　葵花籽，别名：天葵子、葵子等。花期7~10月，果期9~11月。原产于美洲，1510年被西班牙殖民者带回欧洲传播。中国明朝时传自西域，称西番葵、西番莲。现世界各地广为栽培。种子含油量较高，且芳香，是我国重要的油料作物。是营养学家大力推荐的高档健康油脂。品种有观赏用、观赏兼油用或葵瓜子用等多种。花形有重瓣或单瓣，另有单花和多花品种。系短日照植物，性喜温热稍干燥和阳光充足的环境。不耐寒、不耐阴，具耐盐性、耐瘠薄与耐旱性。花期需短日照和强光照条件。对土壤要求不严。

园艺应用

　　向日葵单瓣大花种富丽堂皇，小花种典雅动人，重瓣种活泼可爱，装饰居家庭院、窗台，呈现欣欣向荣的气氛。园林中常用矮化种或重瓣种，摆放于公共场所、园林景点作花坛、花镜，圆圆的花盘，展现出喜气洋洋的景象。向日葵又是切花送礼佳品，还可作为氟气、二氧化硫、氯气污染的指示植物，遇有毒害气体，花朵则萎缩。其经济价值很高，种子所榨的油，营养丰富，清香爽口。种子、花盘、茎叶、茎髓、根、花均可入药。房前屋后、篱笆旁、村头溪边、零星地段均可种植，是一种值得大力提倡的优良植物，是人们生活中不可缺少的美味零食。

食用功效

　　现代医学研究证实，葵花籽能补脾益肠、止痢消痈，所含脂肪达50%左右，主要是不饱和脂肪酸和亚油酸，而且不含胆固醇；亚油酸有助于降

本页图片提供者：王宏大

低人体的血液胆固醇水平，有益于保护心血管健康；富含的矿物质、维生素，对急、慢性高脂血症有预防作用，能使细胞再生、降低血糖，防止动脉硬化及冠心病。而维生素E及锌的含量比其他食物多，有安定情绪、防止细胞衰老、预防疾病的作用，还能祛斑，使皮肤充满弹性；还能阻止色素在皮肤中沉积，预防脸上出现褐色斑纹，并能加强皮肤的代谢功能，因而具有养颜的作用。又含丰富的铁、锌、钾、镁等微量元素，锌有助于减少体内胆固醇的蓄积；镁可以减轻血管壁的压力；钾能降低血压，也具有预防贫血等疾病；还含大量的食用纤维，每7克的葵花籽中，就含有1克，比苹果的食用纤维含量高得多。美国科学家在有关试验中证明，食用纤维可以降低结肠癌的发病率；另外，所含蛋白质当中含有精氨酸，它是制造精液不可缺少的成分。处于生育期的男士，每天食用一些葵花籽对身体很有益。

药用价值

葵花籽性平、味淡，具有止痢消痈、透疹、透脓、润肺平肝、祛风除湿、化痰定喘、止痢消痈、驱虫利尿的功效。用于痈脓发不透、血痢、慢性骨髓炎等，对抑郁症、神经衰弱、失眠及各种心因性疾病有良效。茎髓为利尿消炎剂，有凉血止血、健脾利湿止带之效。茎叶与花瓣为苦味健胃药，有清热解毒、清肝明目、消肿止痛的作用。花盘（花托）有清热湿、利小便、滑胎催产、通窍、逐风的作用。其乙醇浸出液，有显著的降压作用。根可散瘀止痛、利尿通便。茎、花盘等可作饲料或燃料。花提制"葵花滴剂"是治疗疟疾药。籽外壳是制糠醛的好原料，用于合成橡胶、纤维、染料的原料，还可用于杀菌和防腐剂等多种用途。种子油有补脾润肠、止痢消痈、化痰、定喘、平肝祛风、驱虫等功效，又可作软膏的基础药。高血压：向日葵40~60克，玉米须20~30克，水煎服。

健康提示

适宜一般人群食用。尤适宜于动脉硬化、神经衰弱、失眠者食用。嗑瓜子不宜过多，以免上火，口舌生疮。老年人、肥胖者、高脂血症患者、肝炎病人不宜嗑食。脾胃虚弱者忌服。孕妇在妊娠初期，忌内服向日葵花。嗑瓜子，尽量用于剥壳，或用剥壳器，以免损伤牙釉质。

选购宜忌

选购以黑白相间长条纹、颗粒大、均匀、饱满、壳面有光泽、身干、无杂质、无霉变、味道香脆、当年产新鲜者为佳。置密封阴凉干燥处保存。

91. 腰果

简介

　　腰果，别名：鸡腰果、介寿果等，花期12月至翌年4月，原产于巴西东北部。16世纪引入亚洲和非洲，现分布在南北纬20度以内的国家和地区。其中莫桑比克是世界最大的生产国，被称为"腰果王国"，巴西将它视为"神树"。中国引种栽培较晚，只有50年历史。由于它耐旱，可在贫瘠的土壤中生长，适应性强，在海南发展很快，乐东县被称为"腰果之乡"。台湾、云南、广东、广西、福建等地区都有种植。腰果为热带果树，喜高温、多湿、光照充足的环境，耐热、不耐寒，对土壤要求不严，腰果一年收获3次。

园艺应用

　　腰果在同棵树上，既可见到蓓蕾、花朵又可看到生果、熟果"同堂"，这在植物界中颇为奇特，除多作果树栽培，在园林中应用较少，适合在小区、公园及专类园栽培观赏。它与甜杏仁、核桃仁和榛子仁被誉为世界四大干果之一，也外形俊美，被美食家誉为干果食品中的"白马王子"。腰果的假果是由花托形成的肉质果，又称"梨果"，是热带地区夏季鲜美的清凉果品，果肉脆嫩多汁，甜酸适口，营养丰富，是理想的鲜果。除生食，也可加工成果汁、果冻、果酱、蜜饯及酿酒等。腰果仁香甜可口，油炸、盐渍、糖饯均可；又是许多菜肴的重要配料，如腰果鸡丁等。还可疗病。

食用功效

　　现代医学研究表明：腰果所含脂肪近90%，多为不饱和脂肪酸，有很好的软化血管作用，对保护血管，防治心血管疾病大有益处；其主要是油酸和亚油酸成分，可降低血中的胆固醇、甘油三酯和低密度脂蛋白的含量，增加高密度脂蛋白含量，是高血脂、冠心病患者的食疗佳果；而亚油酸又可预防心脏病、脑中风；还含腰果酸及大量蛋白酶抑制剂，有助防癌；尚含维生素A、维生素B_1、维生素B_2等多种维生素和矿物质，特别是其中的锰、铬、镁、硒等微量元素，既可补充体力、消除疲劳，又对食欲不振、心力衰竭、下肢浮肿、多种炎症、夜盲症、干眼病及皮肤角化有显著的防治作用，又具有抗氧化、防衰老、抗肿瘤和抗心血管病、预防动脉硬化及润肤美容的作用。常食健体强身、提高身体抗病能力、增进性欲、增加体重，使青春永驻。

药用价值

腰果味甘，性平，无毒，补脑养血，润肺化痰，补肾，健脾，下逆气，止久渴，除烦，可治咳逆、心烦、口渴。《本草拾遗》云：腰果仁"主渴、润肺、去烦、除痰，火干作饮服之。"《海药本草》亦云："主烦躁、心闷、痰膈、伤寒清涕、咳逆上气，宜煎服。"果肉有利水、除湿、消肿之功，可防治肠胃病、慢性痢疾等。果仁是名贵干果和高级菜肴，含油量高达40%，是一种高级食用油，果壳提炼一种芳香油，用于制药。壳液是治麻风病、癣、象皮病的药材，还可提取高级树脂。树叶和树根可制作药茶。高血压：腰果醋泡7天，每日早晚各吃10枚，长期吃有辅助疗效。

健康提示

适用于一般人群、癌症患者、心血管疾病患者食用。腰果富含油脂，胆功能严重不良者、肠炎、腹泻和痰多患者忌食；肥胖、过敏体质者慎用。忌与鲜蛤、酒同用。

选购宜忌

挑外观呈完整月牙形、色泽白、饱满、气味香、油脂丰富、无蛀虫、无斑点者为佳。应存放于阴凉、通风处，避免阳光直射；或置于密封罐中，冰箱冷藏。有粘手或受潮现象者，表示鲜度差，不宜选购。

92. **澳洲坚果**

简介

澳洲坚果，别名：昆士兰栗、夏威夷果等。花期3~4月，果期9~10月。原产于澳大利亚东部沿海、昆士兰州东南部和新南威尔士州北部的亚热带雨林中，主产于美国、澳大利亚、肯尼亚、哥斯达黎加、危地马拉、巴西等国。我国台湾省最先于1910年引种。20世纪80年代初成为中国南方各省区引种、试种澳洲坚果最热门的果树之一，目前广

东、广西、云南、福建、四川、重庆及贵州均有种植。本属有10个种，可食用、有栽培价值的仅有2种，即光壳种和粗壳种，商业栽培以光壳种为主。性喜温暖、湿润、光照充足的环境。适应性强，较耐寒，不择土壤，在各类土壤均能生长，忌大风危害，抗病虫。植后6~7年可获不菲产量，丰产期长达40~60年。

园艺应用

澳洲坚果树形婆娑优美，枝叶繁茂，总状花序下垂，花美丽而芳香。花期长达1个多月，很适合庭院、公园、风景区、专业园种植观赏。澳洲坚果为著名干果，具有较高的食用价值，食用部分为果仁，可生食，烤制后酥滑嫩可口，有独特的奶油香味，是世界上品质最佳的食用干果，有"干果皇后"、"世界坚果之王"之美称。除常用烹调食品中、小吃、制作干果外，还可制作高级糕点、巧克力、高级食用油、高级化妆品等，果壳可

制活性炭或作燃料，也可粉碎作塑料制品的填充物。深受消费者青睐。

食用功效

医学研究表明，澳洲坚果具有很高的保健功能和药用价值。营养学家认为，果仁内的蛋白质含有17种氨基酸，其中10种是人体内不能合成而必须由食物供给的氨基酸，与其他坚果比较，澳洲坚果不饱和脂肪酸含量更高。流行病学研究表明，常吃澳洲坚果能降低血小板的黏度，降低心脏病、心肌梗死及其他心血管病的发生概率。经研究分析，光壳种澳洲坚果种仁含油量高达75%~79%，油质好，热量很高，不仅易被人体吸收消化，还能防止钙的流失，改善脑部营养。尤适合妇女和儿童食用，且能大幅降低妇女患乳腺癌及阻止男性前列腺癌细胞的生长，促进胆囊收缩，阻止胃炎及十二指肠溃疡。

药用价值

澳洲坚果味甘，性温，温补肺肾，定喘润肠。用于肾虚腰痛、虚寒喘咳、久咳耳鸣、健忘倦怠、食欲不振、神经衰弱、遗精阳痿、大便燥结等。澳洲坚果油，除用作高级滋养食用油，还可作为缓下剂，疗便秘、高血压、糖尿病、肿瘤、胃肠溃疡病。外用疗皮肤疾病和烫伤等症。

健康提示

适合于一般人群。尤其适宜高胆固醇血症患者、心血管疾病患者、孕妇、儿童食用。痰火炽热、阴虚火旺及大便溏泄者忌服。不可与浓茶同服。

选购宜忌

以果仁饱满、色泽雪白、无发霉、变质者为佳。置阴凉干燥处，防鼠、防蛀。

93. 松子

简介

松子，别名：罗松子、海松子、红松果、松仁。花期5~6月，球果9~10月成熟。野生的红松50年后才能结果，果实的成熟期为2年。红松为我国东北林区珍贵果材兼用树种之一，主产于小兴安岭林区和长白山脉海拔500~1 700米的山坡中下部。黑龙江省伊春市小兴安岭地区的自然条件最适合红松的生长，红松树占世界一半以上，故伊春素有"红松故乡"的美誉。红松为高大常绿乔木，刚劲挺拔，高可达30余米，堪称东北树种的"树王"。喜生于腐殖质深厚、疏松、排水良好的酸性山地棕色森林土，喜光，幼苗有一定耐荫能力；要求湿润而寒冷气候耐寒，浅根性，侧根发达，天然更新缓慢，用种子繁殖。红松材质轻放、细致，纹理直，易加工，易干燥，不挠不裂，耐久，抗腐，是建筑、桥梁、造船、电杆、枕木等用材；树皮可提取木考胶，根可提取松节油，种子含油量25%，可食用，被人们称颂"长寿果"，又被赞誉"坚果中的鲜品"。

食用功效

松子是我国古老的传统食品，食用始载于汉代，《汉武内传》已有食用松柏产物的记载。据《打牲乌拉志典全书》记载，清宫曾把松子列为宫廷的御膳食品。据现代营养学研究显示，松子的营养价值很高，富含蛋白质、脂肪、不饱和脂肪酸、糖类、挥发油等多种成分，其维生素E含量高达30%，有很好的软化血管、防治血液凝固的作用，能降低人们患心脏病的概率，延缓衰老，还能促进皮肤微血管循环，有润泽肌肤、养颜美容的作用，不仅对老年人健康有很大帮助，还是女士美容养颜的理想食物。富含的磷和锰，有助于大脑和神经，是学生和脑力工作者的健脑佳品，对阿尔茨海默病有很好的预防作用。松子中所含不饱和脂肪酸，如亚油酸、亚麻油酸等，和大量矿物质，如钙、铁、磷等，能增强血管弹性，降低血脂，预防心血管疾病，又能为机体提供丰富的营养成分，补气养血，强壮筋骨，消除疲劳，对老年人保健有极大的益处，还能促进儿童的生长发育和病后身体的恢复。松子富含油脂和多种营养物质，有显著的抗氧化作用，能够滋润五脏、补益气血、乌发白肤、养颜驻容、保持健康形态，是良好的美容食品。松子富含脂肪油（约74%），能润肠通便，缓泻而不伤正气，对老年人体虚便秘、小儿津亏便秘有一定的治疗作用。润心肺，和大肠：松子50克同粳米50克煮粥食（松子粥）。

药用价值

我国五代时期的《海药本草》中就有"海松子温胃肠，久服轻身，延年益寿"的记载。《日华本草》谓其"逐风痹寒气，虚羸少气，补不足，润皮肤，肥五脏"。《随息居饮食谱》称之"润燥，补气充饥，养液息风，耐饥温胃，通肠辟浊，下气香身，最益老人"。《本草经疏》言："松子味甘补血。血气充足，则五脏自润，发黑不饥。仙人服食，多饵此物。故能延年，轻身不老。"《开宝本草》载："骨节风，头眩，去死肌，散水气，调五脏，不饥。"

松子性微温，味甘，无毒。归肝、肺、大肠经。具补肝益肾，润燥滋阴，止咳息风，滑肠通便，补益气血，强阳补骨，和血美肤等功效。主治气血两虚，燥咳吐血，诸风头眩，骨节风，风痹，盗汗口渴，心悸失眠，中老年及病后体虚，羸瘦少气，慢性支气管炎久咳无痰，心脑血管病，皮肤干燥，肠燥便秘，痔疾，遗精早泄。此外，松树脂（松香）、松节、松花、松针（叶）等均作药用。老年便秘：松子仁、大麻仁、柏子仁各等份，蜂蜜100克。将前3味共捣烂成膏状，加入蜂蜜调匀，备用。每晚睡前服1匙。健忘失眠：松仁、核桃仁各30克，蜂蜜250毫升。松仁、核桃仁用水泡过去皮，晒干碾成末，放入蜂蜜和匀即成。每日2次，每次取5克，沸开水冲泡。

健康提示

一般人群均可食用松子。尤其是中老年人的滋补保健品，可生食，也可做糖果、糕点辅料等，还可代替植物油食用。凡中老年体质虚弱、久咳无痰、便秘，及患慢性支气管炎、心脑血管病者最宜食。咳嗽痰多、便溏、精滑、腹泻、胆囊炎痰湿较甚，舌苔厚腻者应忌食；松子油脂丰富，胆功能严重不良者需慎食。此外，不可过量食用松子，过量易蓄发热毒。

选购宜忌

以挑选颜色红亮，成熟度好，个头均匀，颗粒大，果仁饱满，开口较好者为佳；粒小、色暗者则质量较差。取少量防风与松子包在一起放置阴凉干燥处保存。若存放时间长，产生油哈喇味，不宜食用。

94. 榛子

简介

榛子，别名：山板栗、榛栗棰子等。花期4~5月，果期9~10月。本属约有20个种，广布于亚洲、欧洲、北美洲的温带地区，被学术界确认的有9个品种，唯有欧洲榛有食用价值，其栽培品种多，在世界各地广泛种植。主要有大果榛、尖榛、欧洲榛、美洲榛、土耳其榛等。我国天然分布有8个种、2个变种。主要分布在东北三省、华北各省，西南横断山脉及西北的甘肃、陕西和内蒙古等山区，至今黄河流域和江淮流域仍分布着许多野生榛树。榛子栽培分平榛、毛榛2种。喜光，不耐阴，耐寒性强，耐干旱瘠薄，适应性强，对土壤要求不严，生长健壮，结果多，盛果期长。

园艺应用

榛树适应性强，抗烟尘、少病虫害，是北方山区绿化和水土保持的好树种，也可用于城市园林及工矿区绿化。榛子营养丰富，可生食、炒食，风味好，热量高，它与扁桃、胡桃、腰果并称为“四大坚果”，有“坚果之王”的美誉。榛仁是巧克力、糖果、糕点等加工食品的优质原料，又是榨取食用油及多种工业用油的原料，含油量54%左右，是大豆的2~3倍；果壳是制活性炭的原料；树皮及果苞含单宁，可制鞣皮物质和烤胶；榛叶可养蚕；木材制手杖、伞柄等。而加工成榛粉是一种营养价值很高的补养品。可见，它是果材兼用的优良树种，为最受人们欢迎的坚果类食品，其开发应用价值前景广阔。有趣的是，最近北欧一带的居民仍把榛树作为驱邪避灾的象征，尊奉榛树为镇魔、伏妖的“雷神”。

食用功效

现代医学认为，榛子具有降低胆固醇的作用，可避免肉类中的饱和脂肪酸对身体的危害，能够有效地防止心脑血管疾病的发生。富含蛋白质、脂肪、糖类等营养成分，尤其富含的油脂，大多为不饱和脂肪酸，不仅易为人体所吸收，对体弱、病后羸弱、易饥饿的人有很好的补养作用，且有促进胆固醇代谢的作用，可软化血管、预防和治疗高血压、动脉硬化等。榛子中的镁、钙和钾含量很高，常食用，对于增强体质、抵抗疲劳、防止衰老、调整血压都非常有益，尤其有益儿童的健康发育。还富含维生素A、维生素B_1、维生素B_2及尼克酸，有利于维持正常的视力、上皮组织细胞的正常生长以及神经系统的健康，可改善消化系统功能、增进食欲、提高记忆。与电脑为伴者多吃点榛子，对视力有一定保健作用。其维生素E含量高，具有有效地延缓衰老、防治血管硬化、润泽肌肤的功效。榛子具天然的香气，有开胃的功效，含丰富的纤维素还有助消化，防止便秘。

药用价值

榛子性味甘平。具补气健脾、调中开胃，滋养气血，止泻，明目，驱虫的作用。用于病后体弱、脾虚泄泻、食欲不振、咳嗽等症。并对消渴、盗汗、夜尿多等肺肾不足之症颇有益处。宋代《开宝本草》记载：可用于气虚脾弱、神疲乏力、体弱眼花、视物不清者，可预防和治疗高血压、动脉硬化等心脑血管疾病。早在《食经》中就记载，榛子"食之明目，去三虫。"《日华本草》则指出，榛子"肥白人、止饥，调中，开胃。"体虚瘦弱、食欲不佳、泻泄等：榛子仁、粳米各100克，白糖适量。榛仁去皮壳、粳米去净，均洗净后，按常法煮成，加白糖调匀，每日1~2次。

健康提示

适宜一般人群。尤其适于体倦乏力、眼花、消瘦者食用。其性滑，泄泻便溏者不宜多食；每次宜食20粒左右，不可太多。炒煳及久存者不宜食用。肝胆功能严重不良者慎食。

选购宜忌

选果实粒大、均匀饱满、色金黄、身干、洁净光亮、空壳坏仁少、无虫蛀者为佳。置于阴凉通风处保存，注意防虫蛀。

95. 香榧

简介

香榧，别名：榧子、玉榧等，花期4月，种子成熟期为次年10月。香榧为我国珍贵的稀有干果，广布于长江以南、南岭以北的山区及西南山区，多分布在海拔400~800米的山坡地带，大多为半野生状。作为食用栽培的以浙江、安徽为多，以诸暨枫桥香榧闻名中外。全世界榧属植物有7种，我国产4种。我国有篦子榧、云南榧、长叶榧和香榧4种。香榧适宜温暖多雾、潮湿的环境，适宜种在土层深厚、疏松、肥沃、排水良好的酸性或微酸性壤土上。

应用价值

榧树姿态雄壮优美，枝叶繁茂，凌冬不凋，四季常青，适合在公园、风景区、庭院等栽培观赏，是园林绿化的优良树种。香榧中的细榧，用于炒食，香酥松脆，是富有营养的珍贵食品。香榧的假种皮，含柠檬酸和芳樟脂，可提炼芳香油，其渣滓可作农药和肥料；外种皮可制活性炭。木材结构致密，纹理条直，硬度适中，具有耐水湿、抗腐蚀等特点，是造船、建筑、家具、工艺雕刻的良材，树皮含单宁，是提炼栲胶的原料，可见香榧具有较高的经济价值。

食用功效

香榧的食用部分为种仁，其含脂肪、蛋白质、糖类、挥发油、鞣质等。香榧油是优质食用油，具有降低血脂和胆固醇的作用，有软化血管、促进血液循环、调节心血管和内分泌系统的作用。所含脂肪酸和维生素E、维生素A较高，常食既能润泽肌肤、延缓衰老，又可保护视力，对眼睛干涩、易流泪、夜盲等症状有预防和缓解的功效；还含四种脂碱，对淋巴细胞性白血病有明显的抑制作用。并对治疗和预防恶性程度很高的淋巴肉瘤有益，有杀虫消积的作用，对由蛔虫、钩虫、绦虫、姜片虫等多种肠道寄生虫引起的虫积腹痛有疗效。实验证实，每日食炒榧子100~150克能治疗肠道各种寄生虫。

药用价值

传统医学认为，榧子有杀虫消积、润肺疗痔、健脾补气、祛痰生新等功效，用于治疗虫积腹痛，小儿疳积、燥咳、便秘、疝气、痔疮、消化不良、小儿遗尿等。榧子可驱除肠内各种寄生虫，具有"虽伤虫而不伤人体"的特点，因此，对体质虚弱的肠道寄生虫病患者，选用本品驱虫最佳。花也有杀虫、利水消肿的功效。虫积腹痛或蛔厥症：榧子仁12克，槟榔7克，青皮、小茴香、吴茱萸、生甘草各3克，乌药5克，乌梅6克，朱砂1克、雄黄末1.5克。前8味药煎水去渣取汁，兑入朱砂、雄黄搅匀，分两次服。

健康提示

适宜一般人群。尤适宜于多种寄生虫病、痔疮、疝气、小便频数患者进食。大便溏薄者不宜用；一次食量不宜过多，否则易上火；不要与绿豆同食，易发生腹泻；孕妇禁用。饭前不宜食，以免影响正常进餐，特别是儿童应注意。

选购宜忌

以个大壳薄，种仁饱满、干燥、皮灰黄或黄棕、尤泛油脂、不破碎、无霉味、无杂质者为佳。保存于阴凉干燥处。

96. 南瓜籽

简介

　　南瓜籽，别名：南瓜仁、白瓜子等，南瓜起源于中南美洲、亚洲和非洲的热带、亚热带地区，2 000年前已有栽培，现广泛分布于全世界和中国各地。白瓜子是内蒙古出口的土特产，其中，凉城县的雪白瓜子片大、仁足、色白，曾获1983年外贸部颁发的基地产品优质奖。

栽培南瓜分为中国南瓜、笋瓜、西葫芦3个种。我国南瓜的主要品种有密本南瓜、枕头南瓜、大磨盘南瓜和脚盘南瓜等。从皮色上区分有墨绿、黄红、橙色等颜色。其中红、黄皮南瓜生长周期长，含淀粉较多，适合蒸食或做各式南瓜糕点及收藏南瓜籽；青皮南瓜反之，适合做菜肴。性喜温暖、阳光充足的环境，不耐寒，耐贫瘠，耐干旱，生命力强，对土壤选择不严，但以富含有机质的沙壤土和壤土为佳。

园艺应用

　　南瓜营养丰富，是一种可食、可饭、可菜、又可入药的瓜类；且种植简单，在亚热带厦门地区可以春、夏、秋三季露地栽培，冬季用塑料大棚或阳光温室也可栽培。春栽1～3月播种，5～8月收；秋栽7～8月播种，11～12月采收。将果实储藏于阴凉处，可存放较长时间以备长期食用。南瓜籽味道很香，可以生食、炒食、研末或煎汤。

食用功效

　　南瓜籽含丰富的脂肪、蛋白质、维生素B、维生素C、维生素A、维生素E及氨基酸等，还含有丰富的不饱和脂肪酸和磷脂、谷固醇、单糖类及铜、锌、镁、胡萝卜素和热量。有驱虫作用，能改善尿流动力学，其提取物能显著降低膀胱压力。增加膀胱的顺应性，减少尿道压力；富含脂肪酸及锌等活性成分，参与人体内核酸和蛋白质的合成，能促进人体生长发育。又可消除前列腺初期的肿胀，还有预防前列腺癌及抑制血吸虫的作用。能治疗部分阳痿、早泄、尿无力等症。民间常煎水代茶饮，生津止渴，或每天饭后吃50克炒南瓜籽，3个月为一疗程，有软坚散结的功能，适于治疗前列腺炎、前列腺肥大。现在，欧洲有些男士从年轻时就开始服用南瓜籽，以预防前列腺增生。此外，还含有丰富的泛酸，可缓解静止性心绞痛，并有降压及净化血液的作用，有利于心脏病的康复。还可防止神经性脱发。它又是维生素E的最佳来源，可以抗衰老。

药用价值

南瓜籽味甘、性平，入脾经、胃经、大肠经。能驱虫、杀虫、消肿、下乳、利水。用于营养不良、消瘦乏力、脾虚水肿、产后缺乳、绦虫病、蛔虫病、血吸虫病、产后手足浮肿、百日咳、痔疮、前列腺肥大、糖尿病、肩周炎、高血脂等。用它作保健食品，可净化血液，利于心脏病的康复，对产后手足浮肿、缺乳及糖尿病、痔疮有防治效果。蛔虫病：南瓜籽、冬瓜子各30克，槟榔、使君子各15克。水煎服。绦虫病：南瓜籽90克，槟榔60克。水煎服。脾虚水肿、小便短小：南瓜籽、薏苡仁各30克。水煎服，每日一剂。

健康提示

适用于一般人群，尤适于抵抗力较弱的老年人与幼儿、前列腺有问题的男性及产后手足浮肿、癌症、绦虫病、蛔虫病、胆固醇过高患者食用。口舌生疮、易上火、胃热病人宜少食。一般人一次不可多食，否则易感到脘腹胀闷。

选购适宜

以用手指捏有紧实感、干燥粒大、仁厚凸肚饱满，壳色白净、无霉烂变质、无虫蛀，气香微甜、咬磕易开裂，出肉容易者为佳。为防止过多摄入盐，不宜购买咸味的。保存于阴凉常温处。